ISSN 0021-1915

16. JAHRGANG · SEITEN 105—144 · BERLIN APRIL 1980

IPRAX 16 16 (4) 105—144 (1980) 32036

4

isotopenpraxis

EVP 9,— M

AKADEMIE-VERLAG

ISOTOPENPRAXIS

An unsere Autoren

Die Zeitschrift veröffentlicht Beiträge zu folgenden Themen: Kontrolle und Analyse radioaktiver und stabiler Isotope, Anwendung radioaktiver und stabiler Isotope in allen Gebieten der Forschung und Technik, der Industrie, Landwirtschaft und Medizin, Herstellung radioaktiver und stabiler Isotope sowie von markierten Verbindungen, kernelektronische Geräte für die Isotopenanwendung (Dickenmesser, Dichtemesser u. ä.) Detektoren für isotopentechnische Arbeiten und den Strahlenschutz in Isotopenlaboratorien, Meßtechnik und Strahlenschutz, Dosimetrie in Isotopenlaboratorien, kerntechnische Geräte für die Isotopenanwendung (Beton, Bestrahlungsanlagen u. ä.), Strahlenchemie, Radiochemie, ökonomische und perspektivische Fragen, Fragen der Weiterbildung.

1. Aufnahme von Manuskripten

Zur Veröffentlichung angenommen werden nur druckreife, noch nicht anderweitig publizierte Beiträge in deutscher, englischer oder russischer Sprache zum Themenbereich der Zeitschrift und zwar

Originalarbeiten
Kurze Originalmitteilungen
Aus der Praxis
Zusammenfassende Berichte
Tagungsberichte
Informationen.

Sind der Beitrag oder Teile daraus bereits veröffentlicht oder ist eine anderweitige Veröffentlichung vorgesehen, so muß dies der Redaktion mit genauer Angabe der Zweitveröffentlichung mitgeteilt werden. Mit der Annahme des Manuskriptes behält sich der Verlag das Recht der Vervielfältigung, Verbreitung und Übersetzung innerhalb der gesetzlichen Schutzfrist vor. Auszugsweiser Nachdruck oder photomechanische u. a. Wiedergabe sind an eine schriftliche Genehmigung des Verlages gebunden. Manuskripte, Zeichnungen und Photos von veröffentlichten Arbeiten werden nur auf den besonderen und bis zum Zeitpunkt der Veröffentlichung mitgeteilten Wunsch des Autors zurückgesandt.

Bei der unverlangten Einreichung von Manuskripten wird empfohlen, eine Befürwortung eines der Herausgeber oder Redaktionsausschußmitglieder beizufügen.

Manuskripte sind einzureichen bei der Redaktion, DDR-1080 Berlin, Leipziger Str. 3–4.

2. Form der Manuskripte

Die Autoren werden gebeten:

2 Manuskripte, eines davon in Original-Maschinenschrift, einseitig und mit 2zeiligem Abstand einzureichen; gut leserliche Photokopien sind zulässig; auf dem 1. Blatt (unter Weglassung der Bezeichnung)

den Titel der Arbeit
Vorname-Initialen und Namen sämtlicher Autoren
gegebenenfalls die Institution, in der sie tätig sind
eine kurze Zusammenfassung der Arbeit von höchstens 15 Zeilen
Keywords in alphabetischer Reihenfolge und
als Fußnote die Anschrift der Institution anzugeben;

wenn möglich auf gesonderten Blättern Namen, Titel der Arbeit und Zusammenfassung in den beiden anderen obengenannten Sprachen 2fach beizufügen;

Literaturhinweise (fortlaufend numeriert), Fußnoten, Tabellen, Abbildungen (in etwa 2facher Veröffentlichungsgröße), Abbildungsunterschriften (getrennt von den Abbildungen, mit Zeichenerklärungen, Quellenangaben, falls erforderlich, und gegebenenfalls mit einem Vermerk für besondere Wünsche bezüglich der Abbildungsgröße), private und Dienstanschrift der Verfasser mit akademischen Titeln und ausgeschriebenen Vornamen auf besonderen Blättern ans Ende des Manuskriptes zu stellen;

Wünsche für den Kolumnentitel (Seitenüberschrift) bekanntzugeben;

Absätze durch Einzüge von mindestens 3 Anschlägen kenntlich zu machen;

die Maßeinheiten des SI-Systems ("Systéme International") zu verwenden;

Korrekturen im Manuskript unmittelbar an der zu korrigierenden Stelle anzubringen;

Formeln deutlich lesbar und möglichst groß einzutragen;

Farbabbildungen und nachträgliche Änderungen oder Ergänzungen in Abbildungen zu vermeiden;

hervorzuhebende Textstellen zu unterstreichen, und zwar halbfetten Satz mit einer geraden schwarzen Linie, kursiven Satz (Schrägschrift) mit einer blauen Wellenlinie (alle Eigennamen). Sperrungen gestrichelt;

besondere Buchstaben durch farbige Unterstreichung zu kennzeichnen, und zwar Formelzeichen in

Griechisch-Kursiv ($\alpha, \beta, \ldots$) rot,
Kursiv ($A, B, \ldots$) blau
halbfetter Kursiv ($\boldsymbol{A}, \boldsymbol{B}, \ldots$) 2 Linien blau (Vektoren),
halbfetter Grotesk (**A**, **B**, ...) 2 Linien violett (Tensoren);

bei Literaturangaben auf Vollständigkeit zu achten. In nachstehender Reihenfolge müssen angegeben sein:

a) bei *Zeitschriften*: Vorname-Initialen und Namen sämtlicher Autoren, Titel der Zeitschrift (nach „Periodica Chimica" oder möglichst wenig gekürzt), Bandnummer (unterstrichen), Jahreszahl (in Klammern), Heftnummer (nur bei Zeitschriften, die jedes Heft mit S. 1 beginnen) sowie die Seitenzahl, auf der die zitierte Arbeit beginnt.

b) bei *Büchern*: Initialen der Vornamen und Name des Autors (Herausgeber werden durch den Zusatz „ed." gekennzeichnet), voll ausgeschriebener Titel des Buches in der Originalsprache, evtl. Bandnummer, voll ausgeschriebener Name des Verlages, Nummer der Auflage (außer der ersten), Erscheinungsort(e), Erscheinungsjahr (hier nicht in Klammern setzen!) und evtl. Kapitelnummer, Seitenzahl u. ä.

c) bei *Sammelbänden, Tagungsberichten*: Es soll zusätzlich der Titel des zitierten Beitrags angegeben werden. Die Seitenzahl muß unbedingt angegeben werden. Aus dem Zitat muß hervorgehen, ob es sich um einen Tagungssammelband oder um einen noch nicht veröffentlichten Vortrag handelt. Zwischen Tagungsort und Erscheinungsort des entsprechenden Tagungsberichts ist zu unterscheiden.

3. Korrekturen

Der Autor erhält zwei Umbruchabzüge, von denen einer möglichst schnell korrigiert an die Redaktion zurückgereicht werden soll. Auf Wunsch des Autors kann die Korrektur auch von der Redaktion gelesen werden.

Durch nachträgliche Manuskriptänderungen verursachte Korrekturkosten gehen, sofern sie 10% der Satzkosten übersteigen zu Lasten des Autors.

Der Autor erhält 50 Sonderdrucke kostenlos. Weitere Sonderdrucke können bis zur Rückgabe der Korrekturabzüge auf Kosten des Autors bei der Redaktion bestellt werden.

Bezugsmöglichkeiten

Bestellungen sind zu richten

— in der DDR an den Postzeitungsvertrieb; an eine Buchhandlung oder an den AKADEMIE-VERLAG, DDR-1080 Berlin, Leipziger Straße 3–4
— im sozialistischen Ausland an eine Buchhandlung für fremdsprachige Literatur oder an den zuständigen Postzeitungsvertrieb
— in der BRD und Westberlin an eine Buchhandlung oder an die Auslieferungsstelle KUNST UND WISSEN, Erich Bieber, 7000 Stuttgart 1, Wilhelmstraße 4–6
— in Österreich an den Globus-Buchvertrieb, 1201 Wien, Höchstädtplatz 3
— in den übrigen westeuropäischen Ländern an eine Buchhandlung oder an die Auslieferungsstelle KUNST UND WISSEN, Erich Bieber GmbH, CH-8008 Zürich/Schweiz, Duforstraße 51
— im übrigen Ausland an den Internationalen Buch- und Zeitschriftenhandel; den Buchexport, Volkseigener Außenhandelsbetrieb der Deutschen Demokratischen Republik, DDR-7010 Leipzig, Postfach 160, oder an den AKADEMIE-VERLAG, DDR-1080 Berlin, Leipziger Straße 3–4

Zeitschrift „Isotopenpraxis"

Herausgeber: Im Auftrag des Akademie-Verlages herausgegeben von Prof. Dr. Justus Mühlenpfordt und Prof. Dr. Carl Friedrich Weiss
Verlag: Akademie-Verlag, DDR-1080 Berlin, Leipziger Straße 3–4; Fernruf 2236221 oder 2236229; Telex-Nr. 114420;
Bank: Staatsbank der DDR, Berlin, Kto.-Nr.: 6836-26-20712
Chefredakteur: Dr. Klaus Uhlig, Berlin
Anschrift der Redaktion (Fernruf: 6351177) der Zeitschrift „Isotopenpraxis: Akademie-Verlag, DDR-1080 Berlin, Leipziger Str. 3–4
Veröffentlicht unter der Lizenznummer 1527 des Presseamtes beim Vorsitzenden des Ministerrates der Deutschen Demokratischen Republik
Gesamtherstellung: VEB Druckerei „Thomas Müntzer", DDR-5820 Bad Langensalza
Erscheinungsweise: Die Zeitschrift „Isotopenpraxis" erscheint monatlich. Die 12 Hefte eines Jahrganges bilden einen Band. Bezugspreis je Band 144,— M zuzüglich Versandspesen (Preis für die DDR 108,— M), Preis je Heft 12,— (Preis für die DDR 9,— M)
Bestellnummer dieses Heftes: 1079/16/4

AN (EDV) 12831

ISOTOPENPRAXIS ISSN 0021-1915

Band 16 (1980) Heft 4, S. 105–144

Redaktion und Verlag: Akademie-Verlag, Redaktion Isotopenpraxis, 1080 Berlin, Leipziger Straße 3–4

Inhaltsverzeichnis

(Fortsetzung des Inhaltsverzeichnisses auf der Rückseite des 2. gelben Blattes)

ISOTOPENPRAXIS

Band **16** (1980) Heft **4**, S. 105–144

Redaktion und Verlag: Akademie-Verlag, Redaktion Isotopenpraxis, 1080 Berlin, Leipziger Straße 3–4

Contents

Articles

R. Nieswand, W. Pippel

The Numerical Inverse Convolution Operation Combined with Spline Functions – a New Effective Methode for the Evaluation of Tracer Investigations in Flow Systems

Isotopenpraxis **16** (1980) No. 4, p. 105 to 108
3 Fig., – Tab., 5 Ref.

An important field of the radioactive tracer application is the analysis of residence time distribution in flow systems, a method, which is generally carried out by sampling radioactive material from the output of the system. The effectiveness of this integral method can be increased installing additional measuring points between the input and output thus allowing a stagewise investigation of the system. As each curve measured by this way represents at the same time the output signal of a preceding section and input signal of the following one, the mathematical convolution has to be used for the evaluation of the measured values. However, numerical solutions to this problem known from literature proved to be instable. Therefore a new way is proposed which avoids these difficulties. The measured curves are first approximated analytically by means of so called spline functions and then treated by the inverse convolution operation based an optimizing procedure. This method has already been successfully applied to different problems.

G. Reinhard, F. Schneider

Radiochemical Determination of the Dissolution Rate of Phosphate Coatings on Steel during the Anodic Electrodeposition of Paint Films

Isotopenpraxis **16** (1980) No. 4, p. 108 to 112
6 Fig., 1 Tab., 20 Ref.

By the use of technical phosphating bath labelled ^{32}P it was possible to determine by a simple manner the coating weight of the phosphate layers depositing on steel substrates and, moreover, to follow up the partial stripping of these layers during the anodic electrodeposition of paint films in dependence from the paint system and the electrical parameters. The experimental results demonstrated the existence of a chemical dissolution process, with the phosphate completely entering the paint film, and not the electrocoating bath.

K. Wagner, K. Dehlan, H. Indorf

On the Determination of the Participation of Labelled Components of Lubricants in the Lamination on Friction Parts

Isotopenpraxis **16** (1980) No. 4, p. 112 to 117
5 Fig., 3 Tab., 7 Ref.

Investigation of friction wear of steel by means of a pin-disc appliance was carried out with hexadecan with additives, in particular with Zn-dicyclohexyldithiophosphate (ZnDTP), used as model lubricant. Measurement with or without covering the friction track, and photometric evaluation of radioautographs with ^{65}Zn as gamma-beta emitter proved to be the most suitable techniques for the determination of the formation of adhering layers of lubricant components with ZnDTP(^{14}C), ZnDTP and hexadecane (^{14}C) within and outside the friction track. Visual evaluation of radioautographs above all yields information on the evenness of the layers. For instance, ZnDTP (1 percent in hexadecane) outside the friction track forms a monolayer, while within the track it causes thicker layers.

Содержание

Статьи

Р. Нисванд, В. Пиппель

Дискретная математическая свёртка с использованием т.н. сплайн-функций — эффективный метод для обработки данных исследований гидродинамических систем с помощью радиоактивных индикаторов

Isotopenpraxis **16** (1980) вып. 4, стр. 105 до 108
3 рис., – табл., 5 лит.

Обширной областью применения радиоактивных индикаторов являются исследования гидродинамических систем методом меченых атомов. Этот метод основывается на отборе радиоактивных проб на выходе систем, в результате чего получаются т.н. „Кривые времён пребывания". Эффективность этого интегрального метода может быть повышена, если поставить снаружи исследуемой системы дополнительные счётчики для измерения „промежуточных" кривых. Так как каждая кривая, измеренная таким образом, является одновременно и выходным сигналом предыдущего и входным сигналом последующего участка системом, требуется для обработки полученных данных операция математической свёртки. Дискретные варианты этого метода, которые известны из литературы, часто оказываются нестабильными. Поэтому предлагается новый вариант, отличающийся от предыдущих тем, что вводятся т.н. сплайн-функции, с помощью которых измеренные кривые изображаются приближенно в аналитическом виде. После этого на основе программы оптимизации полученные функции подвергаются обратной математической свёртке. Предлагаемый метод практически испытан и дал положительные результаты.

Г. Райнхард, Ф. Шнайдер

Радиохимическое определение растворения фосфатных слоев на стали при анодном электроосаждении лака

Isotopenpraxis **16** (1980) вып. 4, стр. 108 до 112
6 рис., 1 табл., 20 лит.

Применением меченого ^{32}P технического средства фосфатирования было возможным определить относительно просто поверхностную массу осажденных фосфатных слоев на стали. Стало также возможным исследовать частичное растворение этих слоев при анодном электроосаждении лака в зависимости от системы лака и от электрических параметров. Эксперименты подтверждают химический процесс растворения, при котором фосфат полностью переходит в лак, а не в ванну.

К. Вагнер, К. Делань, Х. Индорф

О выявлении участия меченых компонентов смазочных веществ в процессе образования слоев на телах трения

Isotopenpraxis **16** (1980) вып. 4, стр. 112 до 117
5 рис., 3 табл., 7 лит.

Для исследования с помощью аппаратуры „палец-диск" износа стали от скольжения в качестве модельного смазочного вещества был использован гексадекан с присадками, в частности с дициклогексил-дитиофосфатом цинка (ZnDTP). Для выявления процесса образования прочно сцепленных слоев компонентов смазочных веществ с ^{65}ZnDTP, ZnDTP(^{14}C) и гексадеканом (^{14}C) в следе трения и вне его самыми пригодными способами оказались измерение с перекрытием и без перекрытия следа трения при мечении по ^{14}C, и фотометрическая обработка радиоавтографий при использовании ^{65}Zn в качестве гамма-бета-излучателя. Визуальная оценка радиоавтографий прежде всего позволяет делать вывод о равномерности слоев. Так например, ZnDTP (1 % в гексадекане) вне следа трения образует монослой, а в следе трения — более толстые слои.

Die numerische Entfaltung mit Anwendung von Spline-Funktionen als eine effektive Methode zur Auswertung von Traceruntersuchungen an Strömungssystemen mit mehreren Meßstellen

R. Nieswand, W. Pippel

(Technische Universität Dresden, Sektion Chemie, Bereich Technische Chemie)[1]

Herrn Prof. Dr.-Ing. habil. Dr. rer. nat. h. c. mult. *Kurt Schwabe* zum 75. Geburtstag gewidmet

Ein wichtiges Anwendungsgebiet radioaktiver Indikatoren ist die Untersuchung von Strömungssystemen mit Hilfe der Verweilzeitanalyse. Die Effektivität dieser gewöhnlich durch Probenentnahme am Ausgang des Systems betriebenen integralen Methode kann durch Anbringung zusätzlicher Strahlungsmeßstellen erhöht werden. Hierdurch wird die Aufnahme von „Zwischenverweilzeitspektren“ ermöglicht, wobei eine gemessene Verteilungskurve jeweils zugleich Ausgangssignal eines vorangegangenen und Eingangssignal für den folgenden Abschnitt darstellt. Zur Auswertung solcher Meßergebnisse wird die mathematische Faltungsoperation benötigt. Die hierzu aus der Literatur bekannten numerischen Verfahren sind oft störanfällig. Deshalb wird eine an verschiedenen Beispielen erfolgreich getestete Methode vorgestellt, welche diese durch die Numerik bedingten Schwierigkeiten vermeidet, indem die gemessenen Kurven zunächst durch sog. Spline-Funktionen analytisch approximiert und danach mit Hilfe eines Optimierungsverfahrens der inversen mathematischen Faltung unterzogen werden.

(F51) INIS DESCRIPTORS:

flow rate; fluid flow; industrial plants; integral equations; mass transfer; mixing; pipes; spline functions; time dependence; tracer techniques

1. Einleitung

Ein wesentlicher Vorteil der Anwendung radioaktiver Tracer zur Untersuchung von Stofftransportvorgängen in technischen, biologischen und geologischen Strömungssystemen ist gegenüber anderen Markierungssubstanzen darin zu sehen, daß der Ausbreitungsprozeß wegen der radioaktiven Strahlung des Indikators mit einem geeigneten Strahlungsdetektor durch die Gefäßwände hindurch von außen verfolgt werden kann. Für chemisch-technologische Systeme — von denen im weiteren die Rede sein soll — ist dieser Gesichtspunkt von besonderer Bedeutung, läuft doch die Mehrzahl solcher Prozesse unter extremen Bedingungen (Druck, Temperatur, aggressive Medien) in geschlossenen, meist undurchsichtigen Gefäßen ab, in die aus technischen Gründen entweder nur in beschränktem Maße oder überhaupt keine Öffnungen zur Probenentnahme bzw. Meßfühler angebracht werden können.

Für die Durchführung von Verweilzeitanalysen ist das Anbringen mehrerer Zwischenmeßstellen speziell in solchen Fällen unerläßlich, wo Erkenntnisse über die innere Strömungsstruktur gewonnen werden sollen, denn alle Aussagen, die sich lediglich auf die Analyse der Ausgangssignale stützen, sind integraler Art und können durch eine Vielfalt von Strukturen (Strömungsmodellen) interpretiert werden. Nun löst eine solche Vorgehensweise die Aufgabe keineswegs vollständig, ist aber zumindest als eine differenziertere Methode zur Bestimmung des Strömungsverhaltens des Reaktors bzw. Apparates zu werten und reicht für manche praktischen Zielstellungen schon aus. Messungen dieser Art wurden beispielsweise an Reaktoren zur kontinuierlichen Herstellung von Polyamid aus Caprolactam (sog. VK-Rohre) durchgeführt (s. Abschnitt 3).

Häufig werden mit Hilfe radioaktiver Markierungsverfahren auch Anlagensysteme, z. B. Serienschaltungen untersucht. Hier ergibt sich eine ähnliche Situation. Der Tracer wird in einen Anlagenteil eingebracht und die Ausbreitung durch mehrere Apparate (Mischer, Reaktoren, Zwischenspeicher, Rohrleitungen) verfolgt, wobei das Ausgangssignal eines Teilsystems jeweils als Eingangssignal des folgenden zu betrachten ist. Ein Beispiel dafür ist die Untersuchung der Ausbreitung von KNO_3 in einer Trockentrommel mit anschließender Kühltrommel (s. Abschnitt 3). In beiden Fällen taucht die Frage nach der mathematischen Auswertung der Verweilzeitkurven, d. h. der Ermittlung des den jeweiligen Abschnitt charakterisierenden Verweilzeitspektrums, auf. Die summarischen Verweilzeitspektren müssen demnach in Teilkurven zerlegt und den einzelnen Abschnitten zugeordnet werden. Dies geschieht auf mathematischem Wege bekanntlich durch die Umkehrung der sog. Faltungsoperation, einer integralen Beziehung, welche ein beliebiges auf ein System gegebenes Eingangssignal $x(t)$ mit dem entsprechenden Ausgangssignal $y(t)$ über den Systembeitrag — der sog. Gewichtsfunktion $g(t)$[2] — verknüpft, dargestellt durch das Integral[3])

$$y(t) = \int_{\tau=0}^{t} g(\tau) \cdot x(t-\tau)\, d\tau \tag{1}$$

bzw. symbolisch

$$y(t) = g(t) * x(t) \tag{2}$$

Mathematisch betrachtet, läuft die Problemstellung der umgekehrten Faltung (auch als inverse Faltung oder Entfaltung bezeichnet) auf eine numerische Ermittlung der

[1]) Anschrift: 8027 Dresden, Mommsenstr. 13

[2]) Die Gewichtsfunktion ist das auf die Fläche unter der Verteilungskurve genormte Verweilzeitspektrum.

[3]) Nähere Einzelheiten dazu siehe z. B. in [1, 2].

impliziten Funktion $g(t)$ aus den meßbaren Größen $x(t)$ (Eingangssignal, d. h. Verweilzeitkurve des vorgeschalteten Abschnittes) und $y(t)$ (Ausgangssignal, d. h. Verweilzeitkurve des betreffenden Abschnittes) hinaus. In der Fachliteratur sind dazu numerische Lösungsvorschläge vorgestellt worden (z. B. [2]), die sich jedoch in der praktischen Anwendung als störanfällig erwiesen. Im vorliegenden Beitrag soll eine Methode vorgestellt werden, die an verschiedenen Beispielen erfolgreich erprobt wurde, wobei die wesentlichen Fortschritte durch die Anwendung sog. Spline-Funktionen erzielt werden konnten.

2. Die Faltungs- und Entfaltungsoperation mit Anwendung von Spline-Funktionen

2.1. Begriffserklärungen, Bedingungen

Die Darstellungen sind an folgende Bedingungen gebunden, die für eine exakte Aussagefähigkeit der erhaltenen Ergebnisse erfüllt sein müssen:

- Der Indikator unterscheidet sich in seinem Strömungsverhalten in keiner Weise von der zu markierenden Substanz; er markiert lediglich den Strömungsweg und wird durch Nebenprozesse (z. B. chemische Reaktionen) nicht beeinflußt.
- Die radiale Vermischung ist an den Meßstellen so intensiv, daß die Stoffkonzentrationen über den Querschnitt des Systems gleich sind.
- An den Meßstellen ist eine Rückvermischung zu vernachlässigen, anderenfalls gelten die Aussagen nur näherungsweise.

2.2. Die Faltung und Entfaltung von Verweilzeitkurven

Die Lösung des Faltungsintegrals (Gl. 1), d. h. die Berechnung der Ausgangsfunktion $y(t)$ bei Kenntnis der Gewichtsfunktion $g(t)$ und der Eingangsfunktion $x(t)$, kann ohne besondere Schwierigkeiten auf numerischem Wege erfolgen. Schon einfache Integrationsverfahren, wie die Trapez-Regel, liefern brauchbare Ergebnisse, wenn die Zeitschrittweite Δt etwa ein Hundertstel der Meßzeit zur Registrierung der vollständigen Zeitverläufe von $g(t)$ und $x(t)$ beträgt.

Problematisch dagegen ist die inverse Faltung, d. h. die Berechnung der Gewichtsfunktion aus den durch Messung ermittelten Eingangs- und Ausgangsfunktionsverläufen. Man erkennt leicht, daß Gl. (1) nicht ohne weiteres nach $g(t)$ aufgelöst werden kann. Wählt man ein beliebiges numerisches Integrationsverfahren, läßt sich daraus zwar immer eine Rekursionsformel zur punktweisen Berechnung von $g(t)$ ableiten (s. [2]), allerdings ist deren Brauchbarkeit nur auf wenige Funktionstypen für $x(t)$, $y(t)$ und $g(t)$ beschränkt. In vielen praktischen Fällen treten bei Anwendung der numerischen Entfaltung sog. numerische Instabilitäten auf, so daß derartige Algorithmen ungeeignet sind.

Nimmt man hingegen für die Funktionen $x(t)$, $g(t)$ und $y(t)$ geschlossen integrierbare Interpolationspolynome, so bietet sich der im folgenden beschriebene Weg zur Bestimmung der Gewichtsfunktion an.

2.2.1. Faltung mittels kubischer Spline-Funktionen. Als Interpolationspolynome sind kubische Spline-Funktionen [3] gut geeignet, die über einem als repräsentativ angesehenen Abszissengitter

$$t_1 < t_2 < t_i < t_N$$

aus $N - 1$ jeweils innerhalb des Bereiches $t \ni t_i,\ t_{i+1}$ definierten Polynomen dritten Grades

$$s_i(t) = k_i(0) + (t - t_i)\, k_i(1) + (t - t_i)^2\, k_i(2) + (t - t_i)^3\, k_i(3) \tag{3}$$

bestehen und die in t_i ($i = 2, \dots, N - 1$) zweimal stetig differenzierbar aneinandergefügt sind. Die Spline-Koeffizienten $k_i(j)$ ($j = 0, \dots, 3$) sind zwischen t_i und t_{i+1} gültig und werden aus den Abszissen- und Ordinatenwerten der die Funktionsverläufe charakterisierenden Stützstellenzahl berechnet. Sind die Stützstellenabstände $t_{i+1} - t_i$ äquidistant, läßt sich das Faltungsintegral (1) in folgende Integralsumme überführen,

$$y(t_{i+1}) = \sum_{l=1}^{i} \int_{\tau=t_l}^{t_{l+1}} g_{sl}(\tau) \cdot \bar{x}_{sm}(\tau + t_m)\, d\tau \tag{4}$$

wobei $m = N - 1 + l - i$ ist.

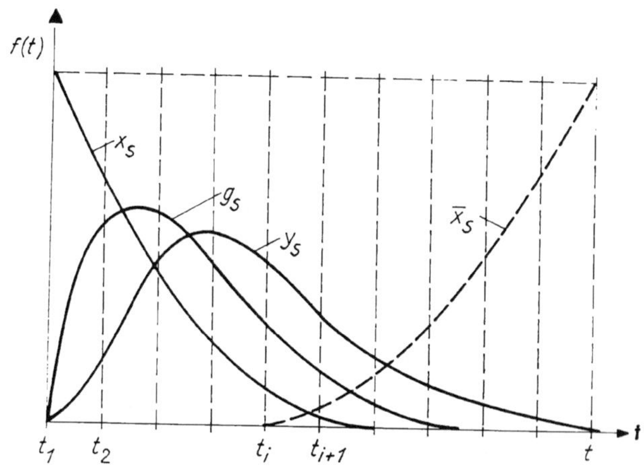

Abb. 1. Graphische Darstellung zur Faltung von durch Spline-Funktionen approximierten Zeitverläufen

Bitte beachten: Statt t (ganz rechts unterhalb der Abszisse) lies t_N

Wie aus Abb. 1 ersichtlich, stellt $\bar{x}_s$ die um die Ordinate gespiegelte und um t_N nach rechts verschobene Eingangs-Spline-Funktion dar. Durch diese Transformation der Eingangsfunktion ist es nun möglich, das Integral in Gl. (3) auszuwerten, falls innerhalb der Abszissenbereiche t_i, t_{i+1} geschlossen integrierbare Interpolationsfunktionen verwendet werden. Spline-Funktionen, die durch Gl. (3) beschrieben werden, erfüllen diese Bedingung bei gleichzeitiger Stetigkeit über den gesamten Stützstellenbereich von t_1 bis t_N.

Ersetzt man also $g(t)$ und $\bar{x}(t)$ durch Polynome gemäß Gl. (3), so zerfällt das Integral unter der Summe von Gl. (4) in die Summe von Integralen folgender Gestalt,

$$\sum_{p=0}^{3} \sum_{q=0}^{3} k_l(p) \cdot k_m(q) \int_{\tau=t_l}^{t_{l+1}} (\tau - t_l)^p\, (\tau - t_l)^q\, d\tau \tag{5}$$

wobei die Konstanten $k_l(p)$ und $k_m(q)$ die Spline-Koeffizienten der Gewichtsfunktion bzw. der transformierten Eingangsfunktion an den Stellen l und m sind. Setzt man die Lösung von Gleichung (5) in Gleichung (4) ein, so erhält man die leicht zu berechnende Faltungssumme

$$y(t_{i+1}) = \sum_{l=1}^{i} \sum_{p=0}^{3} \sum_{q=0}^{3} k_l(p) \cdot k_m(q) \cdot \frac{(t_{l+1} - t_l)^{p+q+1}}{p + q + 1} \tag{6}$$

mit $y(t_1) = 0$.

Läßt man i von 1 bis $N - 1$ laufen, kann damit das Faltungsprodukt y der approximierten Eingangs- und Gewichtsfunktion an den Stellen t_1 bis t_N exakt bestimmt werden. Der Aufwand zur Berechnung nach Gl. (6) ist im Vergleich zur numerischen Berechnung von Gl. (4) geringer, da im allgemeinen schon ca. 10 Stützstellen genügen, um die Zeitverläufe $x(t)$ und $g(t)$ hinreichend genau zu approximieren. Außerdem sinkt der Aufwand zur meßtechnischen Erfassung der Zeitverläufe an den Meßstellen maßgeblich. Ein weiterer Vorteil ist, daß durch die Benutzung von Gl. (6) schrittweitenabhängige numerische Berechnungsfehler nicht auftreten.

2.2.2. Entfaltung mittels kubischer Spline-Funktionen. Durch die in Abschnitt 2.2.1. beschriebene Methode der Faltung ist es bei vertretbarem Aufwand möglich, die Entfaltung von $x(t)$ und $y(t)$, d. h. die Berechnung der Gewichtsfunktion $g(t)$ dadurch vorzunehmen, daß die Quadratmittelabweichung

$$FQS = \min_{\hat{y}_i} \sum_{i=1}^{N} (y_i - \hat{y}_i)^2 \tag{7}$$

minimiert wird. Dabei sind $\hat{y}_i$ die Startwerte der Ausgangsfunktion, die sich bei der Verwendung von Schätzwerten g_i der Gewichtsfunktion aus Gl. (6) ergeben, während y_i die Ordinatenwerte der gemessenen Ausgangsfunktion an den Stützstellen i bedeuten. Gl. (7) wird durch die Verwendung eines Optimierungsverfahrens realisiert. Die Werte der gesuchten Gewichtsfunktion an den Stützstellen i werden in dem Moment erhalten, wo die *FQS* einen vorgegebenen Wert unterschreitet.

3. Anwendungsbeispiele

Zur Beurteilung der Strömungsverhältnisse in einem Rohrreaktor zur kontinuierlichen Herstellung von Polyamid aus Caprolactam (VK-Rohr), wurden Verweilzeitmessungen mit Hilfe radioaktiver Markierungssubstanzen vorgenommen (Abb. 2.) Diese bestanden darin, daß dem kontinuierlich fließenden Materialstrom am Reaktoreingang eine Stoßmarkierung aufgeprägt wurde und somit an den einzelnen Meßstellen zeitlich verschiedene impulsförmige Verweilzeitverteilungsfunktionen registriert werden konnten. Mit Hilfe des beschriebenen Berechnungsverfahrens sind

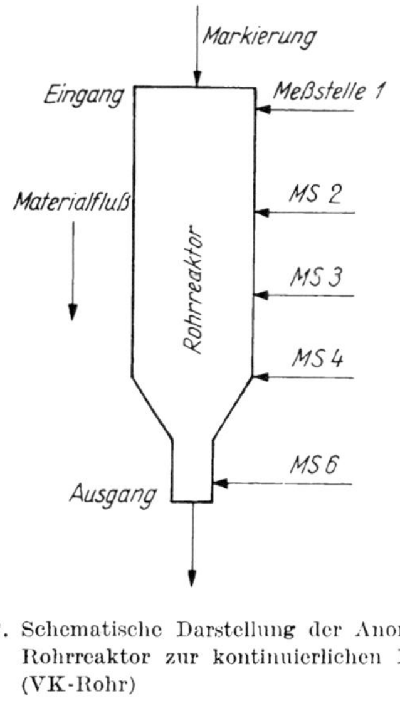

Abb. 2. Schematische Darstellung der Anordnung der Meßstellen am Rohrreaktor zur kontinuierlichen Herstellung von Polyamid (VK-Rohr)

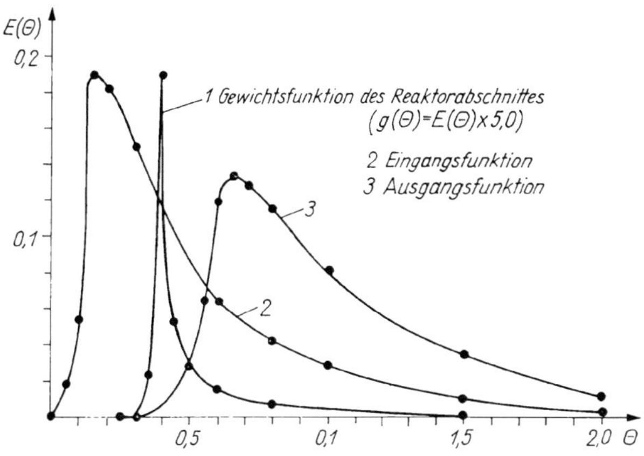

Abb. 3. Berechnete Gewichtsfunktion des Rohrreaktorabschnittes zwischen 2. und 3. Meßstelle

die Teilgewichtsfunktionen (-verweilzeitspektren) der einzelnen Reaktorzonen bestimmt worden. In Abb. 3 ist als Beispiel das so ermittelte Verweilzeitspektrum zwischen der 2. und 3. Meßstelle gezeigt. Aus Maßstabsgründen wurde es mit dem Faktor 0,2 multipliziert dargestellt. Aus dem berechneten Teilverweilzeitspektrum ist ersichtlich, daß das Strömungs- und Mischverhalten dieses Abschnittes keine besonderen Merkmale aufweist und etwa dem zweier hintereinandergeschalteter Zellen, und zwar einer Zelle mit idealer Verdrängung und einer mit idealer Vermischung entspricht. So ist es mit Hilfe dieser Methode grundsätzlich möglich, auch jene Bereiche des Reaktotrs zu lokalisieren, wo Abweichungen vom Idealverhalten des Materialtransports (Totzonen, Durchbrüche, Aufteilung des Materialstromes u. dgl.) auftreten.

In vielen Fällen ist die Einführung der Indikatorsubstanz in den Materialstrom in Form eines idealen DIRAC-Impulses auch näherungsweise nicht möglich. Typische Beispiele hierfür können aus Verweilzeituntersuchungen von Gasphasen in Wirbelschichtreaktoren entnommen werden. Der Aufenthalt der Gasteilchen ist hier im allgemeinen so kurz, daß es aus technischen Gründen unmöglich ist, den radioaktiven Indikator in einer gegenüber der mittleren Verweilzeit der Gasphase kleinen Zeitspanne einzuführen. Beispiele für solche Erscheinungen werden in [4] dargestellt bzw. zitiert. Das beschriebene Entfaltungsverfahren ermöglicht es in solchen Fällen, bei Messung der nichtidealen Eingangsfunktion (Abweichung von der *DIRAC*-Impulsform) und der Verweilzeitfunktion am Ausgang, das Verweilzeitspektrum des Reaktors zu ermitteln.

Als Beispiel für die Verweilzeitanalyse von Anlagensystemen, wobei das radioaktiv markierte Material nacheinander mehrere Apparate durchläuft, sei auf die Untersuchung von Teilprozessen der Kunstseideherstellung verwiesen [4]. Zur Analyse der Vermischungsvorgänge von Alkalizellulose während der Vorreife wurde diese radioaktiv markiert. Die Vorreife erfolgte in einem kontinuierlichen Verfahren. Die zerkleinerte Alkalizellulose wurde in einer drehbaren Vorreifetrommel und einer Kühltrommel durch Eigenbewegung transportiert. Die Meßsonden befanden sich jeweils am Ausgang der Trommeln. Durch die Entfaltung der erhaltenen Konzentrationsverläufe nach der beschriebenen Methode wurde es möglich, das Verweilzeitspektrum der Kühltrommel zu ermitteln.

Für die Berechnungen kam als Optimierungsverfahren ein ableitungsfreies regularisiertes *Gauss-Newton*-Verfahren zur Anwendung [5]. Die benötigten Programme sind in FORTRAN geschrieben. Als EDVA wurde die BESM 6 benutzt.

4. Zusammenfassung

Im vorliegenden Beitrag wurde eine Methode zur Entfaltung von komplexen Verweilzeit-Tracerkurven vorgestellt, mit deren Hilfe man in der Lage ist, Verweilzeitspektren von Reaktorabschnitten bzw. Anlagenteilen zu ermitteln. Im Gegensatz zu bisher bekannten numerischen Entfaltungsverfahren, können mit der beschriebenen Methode, die sich auf die Anwendung sogenannter Spline-Funktionen stützt, praktische Aufgabenstellungen gelöst werden. Damit steht für die Aufklärung von Strömungsverhältnissen in kontinuierlich betriebenen chemisch-technologischen Apparaten ein gegenüber bisher bekannten Methoden verbessertes Verweilzeitanalyseverfahren zur Verfügung, ohne daß dabei das bewährte Prinzip der meßtechnischen Ermittlung von Verweilzeitkurven mit Hilfe radioaktiver Substanzen modifiziert werden müßte.

Die vorgestellte Methode wurde an Aufgabenstellungen aus der chemischen Technologie erprobt und ist auch auf andere Strömungssysteme, welche die unter 2.1. genannten Bedingungen erfüllen, übertragbar.

Eingegangen am 19. 9. 1979

Literatur

[1] *R. Unbehauen* Systemtheorie, Berlin: Akademie-Verlag 1970

[2] *E. Stepanek*, Praktische Analyse linearer Systeme durch Faltungsoperationen, Leipzig: Akademische Verlagsgesellschaft Geest u. Portig K.-G. 1976

[3] *H. Späth*, Spline-Algorithmen zur Konstruktion glatter Kurven und Flächen, München: R. Oldenbourg Verlag 1973

[4] *K. Irmer*, Die Untersuchung technischer Materialtransportvorgänge mit Hilfe von Radionukliden, Dissertation, TU Dresden, 1975

[5] Autorenkollektiv, Programmpaket Nichtlinearer Gleichungen, TU Dresden, Sektion Mathematik, 1977

Radiochemische Bestimmung der Auflösungsrate von Phosphatschichten auf Stahl bei der anodischen Elektrotauchlackierung

G. Reinhard, F. Schneider

(Technische Universität Dresden, Sektion Chemie, Wissenschaftsbereich Elektrochemie)[1])

Herrn Prof. Dr.-Ing. habil., Dr. h. c. mult. *Kurt Schwabe* zum 75. Geburtstag gewidmet

Durch den Einsatz eines ^{32}P-markierten technischen Phosphatierungsmittels war es möglich, auf einfache Weise die Flächenmasse von auf Stahlsubstraten abgeschiedenen Phosphatschichten zu ermitteln sowie den partiellen Abbau dieser Schichten bei der anodischen Elektrotauchlackierung in Abhängigkeit vom Bindemitteltyp und den elektrischen Parametern zu verfolgen. Die experimentellen Ergebnisse bestätigen einen chemischen Auflösungsprozeß, wobei das Phosphat vollständig in den Lackfilm und nicht in das ETL-Bad übergeht.

(B12) INIS DESCRIPTORS:

chlorine 36; current density; dissolution; electrodeposited coatings; electrodeposition; hydrochloric acid; hydrolysis; paints; pH value; phosphorus 32; polyacrylates; protective coatings; radiometric analysis; resins; steels; tracer techniques; zinc phosphates

1. Einleitung

Die bei der anodischen Elektrotauchlackierung (aETL) eingesetzten Bäder stellen wäßrige Dispersionen von Polycarbonsäuren R-COOH auf der Basis von Acrylatharz, maleinisiertem Leinöl oder modifiziertem Epoxidharz dar, wobei die Löslichkeit in Wasser durch partielle Neutralisation mit einer Base YR erreicht wird. Die im Gleichgewicht

$$\text{R-COOH} + \text{YR} \rightleftharpoons \text{R-COO}^- + \text{YRH}^+ \tag{1}$$

vorliegenden negativ geladenen Spezies gelangen im elektrischen Feld vorzugsweise durch Konvektion und Elektrophorese zur Anode. Läuft dort ein Protonenproduzierender Prozeß ab, dann kann das Gleichgewicht (1) unmittelbar an der Diffusionsschicht dieser Elektrode so weit nach links verschoben werden, daß es wieder zur Bildung der wasserunlöslichen Polycarbonsäure kommt. Bei Einhaltung bestimmter Reaktionsbedingungen kann diese Koagulation in Form einer Deckschicht erfolgen, die sich durch nachfolgende elektroosmotische Entwässerung und Temperaturbehandlung in ihrem Vernetzungsgrad noch optimieren läßt [1—3].

Der die Protonen liefernde Prozeß der aETL ist die anodische Sauerstoffentwicklung aus dem Wasser nach

$$H_2O \rightarrow 1/2\ O_2 + 2\ H^+ + 2\ e^- \tag{2}$$

An Eisenwerkstoffen verläuft diese Reaktion aber erst bei Elektrodenpotentialen, die im Transpassivbereich der Strom-Spannungs-Charakteristik liegen [4, 5]. In diesem Bereich sind jedoch unlegierte Stähle mit einer hauptsächlich aus Magnetit (Fe_3O_4) bestehenden Schicht überzogen, und die elektrochemische Eisenauflösung erfolgt mit der Reaktionsladungszahl $z_r = +2$ simultan zur Sauerstoffentwicklung [6, 7].

Für die Belange der aETL ist die Eisenauflösung unerwünscht. Sie beeinträchtigt die Korrosionsschutzeigenschaften der entstehenden Lackschicht. Außerdem führen

[1]) Anschrift: 8027 Dresden, Mommsenstr. 13

die in die Schicht gelangten Eisenionen bei atmosphärischer Beanspruchung schnell zu Vergilbungserscheinungen, während Eisenionen im ETL-Bad eine Verschlechterung der elektrischen Badparameter bedingen [2, 3, 8—10]. Daher werden praktisch alle Eisenwerkstoffe vor der aETL phosphatiert. An die Phosphatschicht stellt man aus der Sicht der aETL eine Reihe von Anforderungen [2, 11—13]. Sie darf die Reaktion (2) nicht nennenswert hemmen, muß also den Stromdurchgang weiterhin gewährleisten, da sonst keine Ausbildung einer Polymerschicht erfolgt. Andererseits soll sie aber während der anodischen Belastung die Eisenauflösung verhindern. Dafür muß die Phosphatschicht möglichst porenfrei ausgebildet sein und unter den Bedingungen der aETL eine hinreichende Stabilität besitzen.

Der elektrochemischen Auflösung des Anodenmaterials einschließlich des Verhaltens von Phosphatschichten während der aETL sind bereits zahlreiche Untersuchungen gewidmet worden [2, 9—15], wobei die analytische Erfassung des Phosphatüberganges in den Lackfilm und das ETL-Bad vorzugsweise gravimetrisch oder spektroskopisch erfolgte. Die in der vorliegenden Arbeit beschriebenen Ergebnisse, die mit Hilfe der ^{32}P-Radiotracertechnik erhalten wurden, sollten zu einer Präzisierung des Erkenntnisstandes führen und eine Beurteilung spezieller Phosphatschicht- und Bindemittelsysteme ermöglichen.

2. Experimenteller Teil

2.1. *Anodenmaterial, Oberflächenvorbehandlung, Phosphatierung*

Bleche der Stahlsorten St TZ UA II und St-38 mit den Abmessungen (55 × 40 × 1) mm³ wurden zunächst 3 min in siedendem CCl_4 entfettet und anschließend 2 bis 4 min in halbkonzentrierter Salzsäure bei 25 °C gebeizt. Nach gründlichem Spülen der Bleche mit Wasser erfolgte die Phosphatierung mit dem technischen Phosphatierungsmittel Phosphatol 150 gemäß Arbeitsvorschrift des Herstellers (VEB Härtol-Werk Magdeburg). Danach wurden die Bleche mit Wasser abgewaschen und entweder direkt in die ETL-Anlage eingebracht oder nach Spülen mit Methanol im Trockenschrank bei 110 °C für die nachfolgende Gewichtsbestimmung getrocknet.

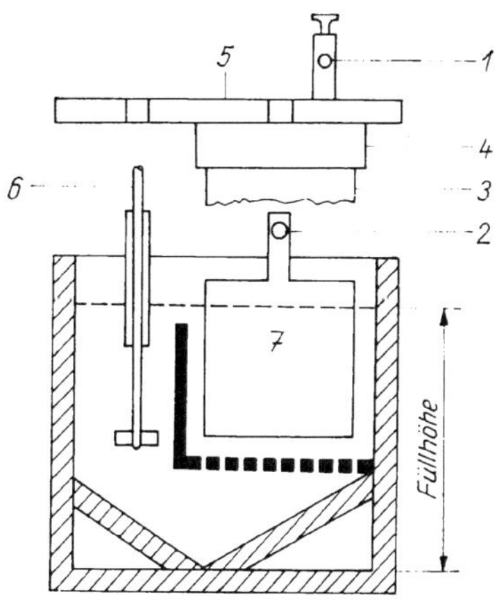

Abb. 1. Schematische Darstellung der zur aETL verwendeten Zelle

1 — anodische Stromzuführung; 2 — katodische Stromzuführung; 3 — Anode; 4 — Klemmhalter; 5 — Deckel; 6 — Rührer; 7 — Katode (X10CrNi 18.8)

2.2. *Anodische Elektrotauchlackierung*

Zum Elektrotauchlackieren diente eine thermostatierbare Zelle aus Plexiglas mit einem Fassungsvermögen von 200 cm³ (vgl. Abb. 1). Das zu lackierende Blech konnte durch eine Klemme am Zellendeckel, die gleichzeitig mit der Stromzuführung verbunden war, befestigt werden. Es tauchte 4 cm in das Bad ein, so daß stets 32 cm² der Blechoberfläche beschichtet wurden. An den beiden Außenwänden der Zelle waren die aus hochlegiertem Cr/Ni-Stahl gefertigten Katodenbleche parallel zueinander angeordnet. Die elektrischen Hilfseinrichtungen wurden so gewählt, daß die aETL entweder im Konstantspannungs- oder im Konstantstromverfahren erfolgen konnte. Die jeweiligen Schaltkreise sind in Abb. 2 dargestellt.

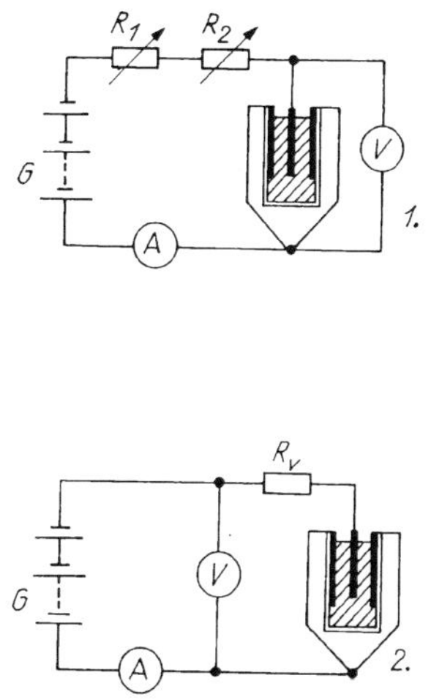

Abb. 2. Elektrische Schaltkreise für das Konstantstrom(1)- und Konstantspannungs(2)-Verfahren

G — Gleichstromquelle (240 V; 1 A); R_1 = 25 kΩ; R_2 = 2,5 kΩ; R_V = 120 Ω

Tab. 1. Eigenschaften der verwendeten aETL-Bäder

Lackbezeichnung	TL 265	Luhydran E 22
Lacktyp	Alkydharz	Acrylatharz
Festkörpergehalt des Bindemittelkonzentrats	80,8%	55,0%
Lösungsmittel	Butylglykol	Isobutanol/n-Butanol (2:1)
Säurezahl	39,2	36,2
Masse Bindemittelkonzentrat	124 g	180 g
Neutralisationsmittel	Triäthylamin	Dimethyläthanolamin
Volumen zugesetztes Neutralisationsmittel	8,7 cm³	6,4 cm³
Neutralisationsgrad α	90%	100%
Volumen zugesetztes dest. Wasser	870 cm³	820 cm³
*p*H-Wert	8,9	9,3

Als Beschichtungsmaterialien kamen die zwei unpigmentierten Bindemittel TL 265 und Luhydran E 22 des VEB Farben- und Lackfabrik Leipzig als 10%ige wäßrige Dispersionen zum Einsatz. Die Eigenschaften dieser ETL-Bäder sind aus Tab. 1 zu entnehmen. Die Messung des dort angegebenen *p*H-Wertes erfolgte nach Zusatz des Amins mit einer Glaselektrodenanordnung des FSI Meinsberg.

Die abgeschiedenen Lackschichten wurden mit Wasser abgespült, an der Luft getrocknet und anschließend gewöhnlich 30 min im Muffelofen bei 170 bis 190 °C eingebrannt. Zur Erfassung des in die Lackschicht aufgenommenen Phosphats wurde die luftgetrocknete Schicht mit Aceton abgelöst.

2.3. *^{32}P-Analytik*

Die Phosphatierungsbäder wurden mit trägerfreier $NaH_2{}^{32}PO_4$-Lösung markiert. Die Messung der Radioaktivität der phosphatierten Bleche erfolgte mit einem Meßplatz, der aus GM-Zählrohr VA-Z-320, Zählrohrsonde VA-H-283, Abschirmkammer VA-H-100, Linearverstärker VA-V-100, 10 MHz-Zähler VA-M-120 und Ergebnisdrucker VA-G-24a des VEB Meßelektronik Dresden bestand. Mit Hilfe einer Lochblende wurde dabei an mehreren Stellen der Vor- und Rückseite des phosphatierten Bleches jeweils 1 cm² ausgemessen. Aus den markierten Phosphatierungsbädern wurden auf der Basis ihres Gesamtphosphatgehalts durch Eindampfen aliquoter Teile Masse-Zählrate-Standards hergestellt. Deren Parallelmessung gestattete es, die auf den phosphatierten Proben registrierten Zählraten in Masseneinheiten umzurechnen. Alle Meßwerte wurden schließlich zur Eliminierung zufälliger Einflüsse auf einen konstanten Wert eines gleichfalls mitgemessenen U_3O_8-Gerätestandards bezogen.

3. Ergebnisse und Diskussion

3.1. *Optimierung der Oberflächenvorbehandlung für die Phosphatierung*

Bei den Untersuchungen, die unter Einhaltung der von den Herstellerfirmen des Phosphatierungsmittels und der ET-Bäder vorgegebenen Arbeitsanleitungen erfolgten, ergaben sich zunächst stark voneinander abweichende Meßergebnisse, die eine systematische Fehlersuche erforderlich machten. Dabei stellte sich heraus, daß auf den Stahlblechen verbleibende Beizrückstände die Gleichmäßigkeit der anschließend erzeugten Phosphatschicht sowie deren Verhalten bei der aETL entscheidend beeinflussen.

Zur Optimierung der Beiztechnologie wurden daher kleine Blechsegmente in $H^{36}Cl$-markierter Salzsäure begeizt und nach anschließendem Spülen dieser Proben mit Wasser die auf der Oberfläche noch vorhandene ^{36}Cl-Radioaktivität ermittelt. Wie aus Abb. 3 hervorgeht, ist die Blechoberfläche praktisch erst dann chloridfrei, wenn die Stahlproben nach dreimaligem Spülen mit kaltem Wasser noch 2 min in dest. Wasser bei 70 °C unter starkem Rühren gewaschen werden. Diesem Spülprozeß muß sich die Phosphatierung jedoch unmittelbar anschließen, da die erwärmte und noch feuchte Metalloberfläche zur schnellen Ausbildung eines Rostfilmes neigt.

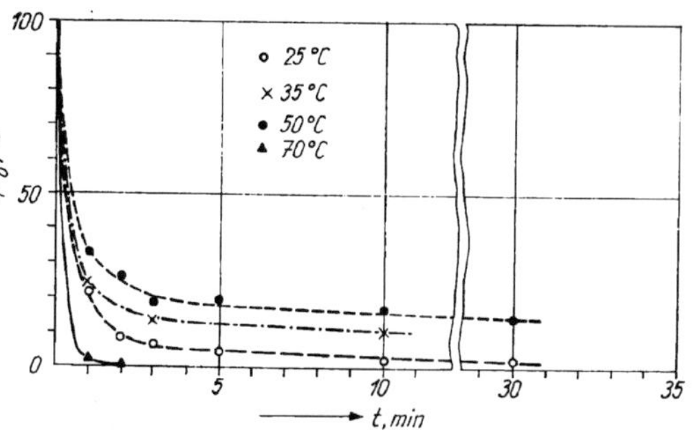

Abb. 3. Experimentelle Ergebnisse zur Desorption des Chlorids von in $H^{36}Cl$ gebeizten Stahlproben mittels dest. Wasser bei verschiedenen Temperaturen

Die nach dieser Vorbehandlung erzeugten Phosphatschichten zeigten hinsichtlich ihrer Flächenmasse und ihres Verhaltens bei der aETL eine gute Reproduzierbarkeit.

3.2. *Phosphatübergang während der aETL*

Wie durch Röntgenstrukturanalyse und IR-Spektroskopie im ATR-Verfahren nachgewiesen werden konnte [16], bestehen die mit Phosphatol 150 auf Stahl erzeugten Schichten hauptsächlich aus Hopeit ($Zn_3(PO_4)_2 \cdot 4\,H_2O$) neben etwas Phosphophyllit ($Zn_2Fe(PO_4)_2$). Es erschien daher als zweckmäßig, die Ergebnisse der Radioaktivitätsmessungen an ^{32}P-markierten Schichten auf Menge Hopeit pro Flächeneinheit umzurechnen. Auf diese Weise ergab sich für die Phosphatschichten eine mittlere Flächenmasse von $d = (3{,}2 \pm 0{,}2)$ g/m², die mit den aus gravimetrischen Messungen erhaltenen Werten gut übereinstimmte. Da die aETL in der Technik der einfacheren Realisierung wegen bevorzugt im Konstantspannungsverfahren betrieben wird, stand die Erfassung des prozentualen Abbaus der Phosphatschicht Δm_p bei dieser Arbeitsweise zunächst im Mittelpunkt unserer Untersuchungen. Die entsprechenden Ergebnisse sind in Abb. 4 dargestellt. Zur Auswertung wurde dabei die nach 2 min über der Zelle abfallende Spannung U_Z herangezogen. Diese berechnet sich auf der Basis des Schaltbildes von Abb. 2 aus der vorgegebenen Spannung U_G und dem nach zweiminütiger Lackabscheidung noch fließenden Strom I gemäß

$$U_Z = U_G - I \cdot R_V \tag{3}$$

Wie aus Abb. 4 hervorgeht, nimmt der Phosphatschichtabbau linear mit U_Z zu. Allerdings ergeben sich zwischen den beiden Bindemittelsystemen deutliche Unterschiede.

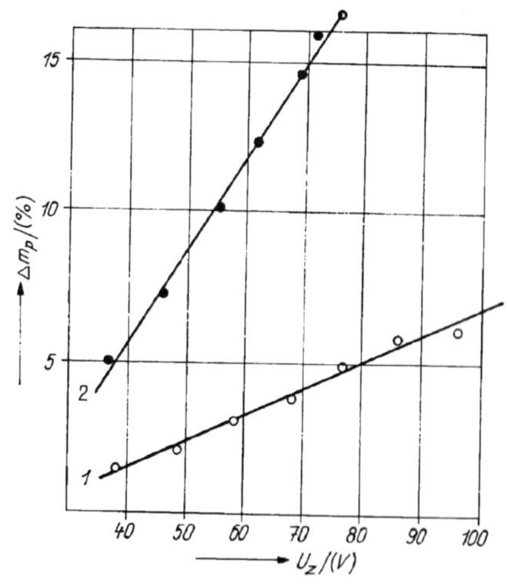

Abb. 4. Prozentualer Abbau der Phosphatschicht Δm_p beim Konstantspannungsverfahren in Abhängigkeit von der über der Zelle abfallenden Spannung U_Z

1 – Bindemittel TL 265, α = 90%, *p*H = 8,9;
2 – Bindemittel Luhydran E 22, α = 100%, *p*H = 9,3

Die zu deren Aufklärung registrierten Stromdichte-Zeit-Kurven beider Systeme belegen, daß der Lack Luhydran E 22 mit einem höheren Stromdurchgang als der Lack TL 265 abgeschieden wird (vgl. Abb. 5). Zur Bestätigung der Korrelation zwischen Phosphatschichtabbau und geflossener Strommenge wurde die aETL mit beiden Systemen auch im Konstantstromverfahren untersucht. Die dabei erhaltenen Ergebnisse verdeutlichen diesen Zusammenhang (vgl. Abb. 6). Bei diesen Messungen erwies es sich als belanglos, ob die Abscheidungszeit t oder die Stromdichte i konstant gehalten wurden, wenn nur die gleiche Strommenge resultierte.

Die in der Literatur bisher mitgeteilten Verlustraten für Zinkphosphatschichten während der aETL liegen je nach Stahlsorte, Oberflächenvorbehandlung, Phosphatierungsverfahren und ET-Bindemittel zwischen 2 und 50% [2, 9–15, 17].

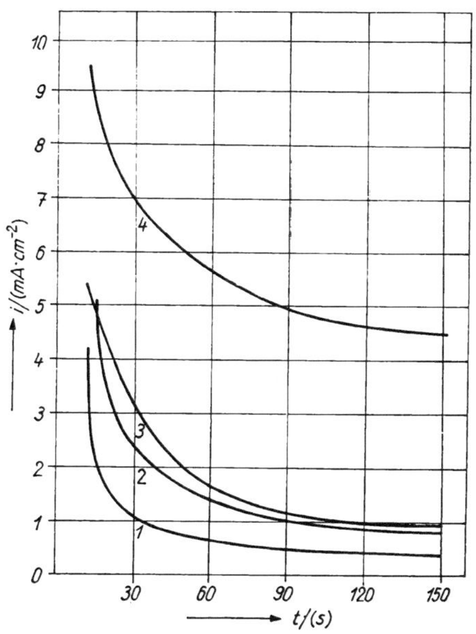

Abb. 5. Stromdichte-Zeit-Kurven bei der aETL im Konstantspannungsverfahren

1 – TL 265 (U_G = 40 V; α = 90%; pH = 8,9); 2 – T 265 (U_G = 90 V; α = 90%; pH = 8,9); 3 – Luhydran E 22 (U_G = 40 V; α = 100%; pH = 9,3); 4 – Luhydran E 22 (U_G = 90 V; α = 100%; pH = 9,3)

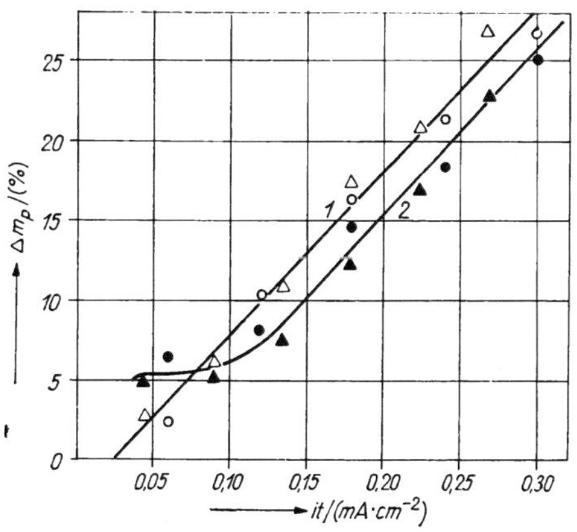

Abb. 6. Prozentualer Abbau der Phosphatschicht Δm_p beim Konstantstromverfahren

1 – TL 265 (α = 90%; pH = 8,9); 2 – Luhydran E 22 (α = 100%; pH = 9,3)

△▲ t = const. = 90 s; ○● i = const. = 1,0 mA · cm^{-2}

Von den meisten Autoren wird dabei angenommen, daß der partielle Abbau der Phosphatschicht als ein Absprengen einzelner Kristallpartikel infolge der hohen Strombelastung vonstatten geht [12, 17]. Auf der Basis der in technischen Anlagen der aETL herrschenden Stromstärken von ca. 25 A/m² [18] kann man nach der Beziehung

$$\frac{i}{F} \approx 2 \cdot D_{H^+} \cdot \frac{{}^{0}C_{H^+} - {}^{\infty}C_{H^+}}{\delta} \quad (4)$$

den pH-Wert berechnen, der in der Diffusionsgrenzschicht der Anodenoberfläche vorliegt [8]. Mit der *Faraday*-Konstante $F = 9{,}65 \cdot 10^4$ As · mol^{-1}, der Protonenkonzentration im ETL-Bad ${}^{\infty}C_{H^+} = 10^{-8}$ mol · l^{-1}, dem Diffusionskoeffizienten der Protonen bei 25 °C $D_{H^+} = 10^{-4}$ cm^2 · s^{-1} und der Dicke der Diffusionsgrenzschicht $\delta = 6 \cdot 10^{-2}$ cm und $i = 2{,}5 \cdot 10^{-3}$ A · cm^{-2} ergibt sich ein Wert von pH = = 2,1. Da auch der Gleichgewichts-pH-Wert des tertiären Zinkphosphats in dieser Größenordnung liegt, wird eine chemische Auflösung der Phosphatschicht unter den Bedingungen der aETL gewöhnlich ausgeschlossen [12, 17].

Die experimentell nachgewiesene Abhängigkeit des Phosphatschichtabbaus von der geflossenen Strommenge (vgl. Abb. 6) kann jedoch als ein Beweis für die chemische Auflösung dieser Schicht angesehen werden. Zur Klärung dieses scheinbaren Widerspruchs kann folgendermaßen argumentiert werden:

Die Berechnung des pH = 2,1 nach Gl. (4) erfolgte unter der Voraussetzung, daß die gesamte Oberfläche des zu beschichtenden Werkstücks elektrochemisch wirksam ist. Die Stromdichte i wurde aus der Stromstärke I und der geometrischen Anodenfläche berechnet. Bei phosphatierten Metalloberflächen sind jedoch zunächst nur die Poren der Phosphatschicht elektrochemisch aktiv, denn die in Frage kommenden Phosphate selbst sind Nichtleiter des elektrischen Stromes [13, 19]. Unter „Poren" sollen hierbei alle Bereiche der Elektrodenoberfläche verstanden werden, die nicht mit Phosphaten bedeckt sind. Diese Stellen sind wahrscheinlich mit Eisenoxiden, wie Fe_3O_4, besetzt, deren Existenz in Phosphatschichten auf Eisenwerkstoffen auch schon ellipsometrisch nachgewiesen werden konnte [20]. Wird angenommen, daß der Stromtransport in der Anfangsphase der aETL vorzugsweise über diese oxidischen Bezirke erfolgt und ihr Flächenanteil nur etwa 1% der geometrischen Gesamtoberfläche des zu lackierenden Werkstücks ausmacht, dann muß für die Berechnung des pH-Wertes nach Gl. (4) bei gleicher Stromstärke eine um 2 Größenordnungen höhere Stromdichte berücksichtigt werden. Danach erhält man für den pH-Wert der Diffusionsgrenzschicht an den oxidischen Bezirken einen um 2 Einheiten kleineren Wert, als wenn man voraussetzt, daß die gesamte Probenoberfläche elektrochemisch wirksam ist. Die an diesen aktiven Bereichen zu Beginn der aETL auftretende starke Säuerung (pH < 1) bedingt offensichtlich die chemische Auflösung benachbarter Zinkphosphatkristalle. Dieser Vorgang kommt zur Stagnation, sobald die Protonenkonzentration in der Grenzschicht durch den Bildungsprozeß der Polymerschicht genügend abgereichert ist. Es konnte nachgewiesen werden, daß der Hauptteil der abgebauten Phosphatschicht in den Lackfilm aufgenommen wird. Bei allen Abscheidungsbedingungen der in den Abb. 4 und 6 dargestellten Ergebnisse lag die in das ETL-Bad übergetretene Phosphatmenge stets unter 1% der Gesamtverlustrate.

4. Schlußfolgerungen

Es wird gezeigt, daß sich der partielle Abbau von Phosphatschichten auf Eisenwerkstoffen bei der aETL mit Hilfe der ^{32}P-Radiotracertechnik gut analytisch verfolgen läßt. Die experimentell bestätigte Abhängigkeit der Abbaurate von der geflossenen Strommenge beweist, daß es sich dabei hauptsächlich um einen chemischen Auflösungsprozeß handelt. Als Ursache dafür wird die in der Anfangsphase der aETL in der Diffusionsgrenzschicht der oxidischen Bezirke der Phosphatschicht auftretende starke Protonenanreicherung diskutiert. Auch wenn nachgewiesen werden konnte, daß quasi der gesamte Anteil des gelösten Phosphats in den Lackfilm aufgenommen wird, berechtigt das noch nicht zu der Annahme, die partielle Auflösung der Phosphatschicht habe keinen Einfluß auf die Stabilität des ETL-Bades. Dazu bedarf es erst noch der analytischen Erfassung der Verteilung der Zinkionen und des bis zur Ausbildung der Lackschicht anodisch in Lösung gegangenen Eisens. Für diese Problemstellungen erscheint die Verwendung ^{65}Zn-markierter Phosphatierungsmittel und neutronenaktivierter Eisensubstrate besonders geeignet.

Eingegangen am 7. 9. 1979

Literatur

[1] *F. Beck*, Farbe u. Lack **72** (1966) 218
[2] *D. Saatweber*, Dissertation, Universität Karlsruhe 1968
[3] *F. Beck*, Elektroorganische Chemie, Akademie-Verlag Berlin 1974, S. 325
[4] *K. J. Vetter*, Elektrochem. Kinetik, Springer-Verl. Berlin, Göttingen, Heidelberg 1961
[5] *H. Kaesche*, Die Korrosion der Metalle, Springer-Verl. Berlin, Heidelberg, New York 1979
[6] *Kao-Wen Mao*, J. electrochem. Soc. **118** (1971) 1870
[7] *L. Franke, W. Forker, P. Schultheiss*, Electrochim. Acta **18** (1973) 877
[8] *F. Beck, H. Pohlemann, H. Spoor*, Farbe u. Lack **73** (1967) 298
[9] *C. A. May, G. Smith*, J. Paint Technol. **40** (1968) 494
[10] *D. Saatweber, B. Vollmert*, Angew. makromolekulare Chem. **10** (1970) 143
[11] *L. R. Le Bras*, J. Paint Technol. **38** (1966) 85
[12] *W. Menzer*, Chem. Oberflächenvorbehandlung von Metallen vor der ETL, Tagungsband 7. Interfinish, Hannover 1968, S. 79
[13] *H. Schene*, Metalloberfläche **22** (1968) 299
[14] *L. Steinbrecher*, Electrodeposition of coatings Symp. **119** (1973) 38
[15] *W. Machu*, Vorbehandlung von Metallgegenständen für die ETL, Tagungsband Corrosion Week '74, Budapest 1974, S. 543
[16] *G. Reinhard, J. Ziems*, Z. phys. Chem. (Leipzig), im Druck
[17] *I. Hering, J. Köhler*, Plaste und Kautschuk **17** (1970) 517
[18] *K. H. Frangen*, Farbe u. Lack **72** (1966) 36
[19] *A. Neuhaus, M. Gebhardt*, Epitaxy and Corrosion Resistance of Inorganic Protective Layers on Metals, p. 91 in "Interface Conversion for Polymer Coatings" Amer. Elsevier Publ. Comp. (P. Weiss and G. D. Cheever, Ed.), New York 1968
[20] *G. Lewis, M. J. Chappell*, Corros. Sci. **19** (1979) 73

Zur Bestimmung der Beteiligung radioaktiv markierter Schmierstoffbestandteile an der Schichtbildung auf Reibkörpern*)

K. Wagner, K. Dehlan, H. Indorf

(AdW der DDR, Institut für chemische Technologie)[1])

Herrn Prof. Dr.-Ing. habil. Dr. rer. nat. h. c. mult. *Kurt Schwabe* zum 75. Geburtstag gewidmet

Bei Untersuchungen zum Gleitverschleiß von Stahl mit einer Stift-Scheibe-Apparatur wurde als Modellschmierstoff Hexadecan mit Additiven, insbesondere Zn-Dicyclohexyldithiophosphat (ZnDTP), verwendet. Zur Bestimmung der Bildung festhaftender Schichten von Schmierstoffbestandteilen mit ^{65}*ZnDTP, ZnDTP(*^{14}*C) und Hexadecan (*^{14}*C) in der Reibspur und außerhalb erwies sich bei Markierung mit* ^{14}*C die Messung mit und ohne Abdeckung der Reibspur, mit dem* γ, β*-Strahler* ^{65}*Zn die photometrische Auswertung der Autoradiographien als am besten geeignet. Die visuelle Beurteilung der Autoradiographien ergibt vor allem Aussagen zur Gleichmäßigkeit der Schichten. ZnDTP (1% in Hexadecan) bildet z. B. außerhalb der Reibspur etwa eine Monoschicht aus, in der Gleitspur dickere Schichten.*

(D24) INIS DESCRIPTORS:

autoradiography; carbon 14 compounds; cycloalkanes; hexadecane; labelled compounds; layers; lubricants; photometry; radioassay; shilding friction; steels; thiophosphoric acid esters; tracer techniques; wear; zinc 65; zinc phosphates

0. Einleitung

Zwischen Verschleiß-, Reibungs- und Schichtbildungsmechanismen auf Reibkörperoberflächen unter Beteiligung von Schmierstoffbestandteilen sowie den Eigenschaften der gebildeten Schichten wurden schon häufig enge Beziehungen nachgewiesen, z. B. in [1—3]. Die Erkenntnisse über solche Grenzschichten sind aber für die Beherrschung von Reibungs-, Schmierungs- und Verschleißvorgängen noch völlig ungenügend. Eine der wichtigsten Methoden auf diesem Gebiet ist die Markierungsmethodik. Mit einer Stift-Scheibe-Verschleißprüfapparatur haben wir in früheren Untersuchungen unter Einsatz verschiedener Modellschmierstoffe mit markierten Reibkörpern Verschleißuntersuchungen durchgeführt, aus denen durch Messung des Stoffübergangs direkt und durch Veränderungen des Verschleißes auch indirekt Bildung und Eigenschaften von Grenzschichten beurteilt werden konnten [4]. Hier wird über direkte Untersuchungen der Schichtbildung mit markierten Komponenten von Modellschmierstoffen berichtet, wobei vor allem gezeigt werden soll, daß besondere Vorteile in der Kombination der Anwendung von instrumentellen Radioaktivitätsmeßmethoden und Autoradiographie liegen.

*) Veränderte Fassung eines Vortrags zum XI. Internationalen Symposium „Autoradiographie" Kolobrzeg, VR Polen, 2. bis 5. 10. 1979

[1]) Anschrift: 1199 Berlin, Rudower Chaussee 5

1. Experimentelles

Die Durchführung der Experimente entspricht weitgehend der Beschreibung in [4]. Eine festeingespannte Kugel aus Stahl 100 Cr 6 (Durchmesser 5 mm) wird auf eine rotierende Scheibe aus gleichem Material gedrückt. Der Gleitbahndurchmesser betrug bei den vorliegenden Versuchen 20 mm. Wie in [4] war die Normallast 10 N und die Drehzahl 50 U/min, die Schichtdicke des markierten Schmierstoffs etwa 25 μm. Nach dem Versuch wird der lose Schmierstoffanteil mit toluolgetränkter Watte sorgfältig abgewaschen. Im Gegensatz zu den Verschleißuntersuchungen mit markierten Kugeln bleibt Radioaktivität nicht nur in der Reibspur (Gleitbahn) zurück, sondern auch auf der nicht von der Kugel berührten Fläche, nämlich infolge von Chemiesorption oder auch Reaktionsschichtenbildung.

Die Bestimmung der festhaftenden Schmierstoffbestandteile in der Reibspur und außerhalb unter gleichen äußeren Versuchsbedingungen ist aus mehreren Gründen von Bedeutung, vor allem, weil die Schichtbildung unter statischen Bedingungen — außerhalb der Reibspur — als vorbereitender Schritt für die Schichtbildung unter dynamischen Bedingungen — in der Reibspur — angesehen werden kann und weil die Schicht außerhalb der Gleitbahn für die Korrosionsinhibition bzw. für die Korrosionsbeeinflussung allgemien von Bedeutung ist, wie die Schicht in der Gleitbahn für die dort komplex auftretenden Verschleiß-, Reibungs- und Korrosionsprozesse.

Im Rahmen unserer Untersuchungen wurden drei Methoden zur Bestimmung der festhaftenden Schmierstoffbestandteile in der Reibspur und außerhalb der Spur angewandt. Die Eignung der Methoden ist von Art und Energie der Strahlung abhängig. Die Anwendungsbeispiele beziehen sich auf ^{65}Zn(β, γ-Strahlung), mit dem Zn-Dicyclohexyldithiophosphat (ZnDTP), ein Schmierstoffadditiv mit Antiverschleiß-, Antikorrosions- u. a. Eigenschaften, in unserem Labor markiert wurde und auf ^{14}C (weiche β-Strahlung), das wir ebenfalls zur Markierung von Zn-Dicyclohexyldithiophosphat (ZnDTP (^{14}C))[1] und außerdem in Form eines käuflich erworbenen Hexadecans (^{14}C) einsetzten.

a) Es werden zwei Stahlscheiben mit Schmierstoffschicht unter gleichen Bedingungen parallel untersucht, aber nur mit einer von beiden wird ein Reibversuch ausgeführt. Die Differenz der instrumentellen Radioaktivitätsmessungen für den dynamischen und den statischen Versuch ist ein Maß für die Schmierstoffmenge in der Reibspur. Die Berechnung erfolgte mit Hilfe von Standardproben mit bekanntem Gehalt an markiertem Schmierstoff.

$$m_{\text{Dyn}} = m_{\text{St}} \frac{z_{\text{Dyn}}}{z_{\text{St}}} \qquad m_{\text{Stat}} = m_{\text{St}} \frac{z_{\text{Stat}}}{z_{\text{St}}}$$

$m_{\text{Dyn}}, m_{\text{Stat}}$ = festhaftende Schmierstoffmasse auf der Scheibe für dynamische bzw. statische Versuchsbedingungen

m_{St} = Schmierstoffmasse in der Standardprobe

$z_{\text{Dyn}}, z_{\text{Stat}}, z_{\text{St}}$ = um den Nulleffekt korrigierte Zählraten der Scheiben vom dynamischen und statischen Versuch sowie für die Standardprobe

m_{Spur} = Schmierstoffmasse in der Reibspur

$$m_{\text{Dyn}} - m_{\text{Stat}} = m_{\text{Spur}}$$

Da die Fläche der Reibspur i. allg. nur wenige Prozente der Scheibenoberfläche ausmacht, ist die Ermittlung von m_{Spur} ungenau, und es wurden auch Meßergebnisse mit

$$m_{\text{Dyn}} - m_{\text{Stat}} < 0$$

gefunden. Die Ursachen für derartige Fehler (z. B. ungenügende Reinigung der Scheiben) können zwar durch Autoradiographien der betreffenden Stahlscheiben ermittelt werden, ihre quantitative Berücksichtigung ist aber schwierig, so daß wir die Methoden b) und c) bevorzugen.

b) Es wird nur eine Stahlscheibe verwendet, und bei der Radioaktivitätsmessung nach dem Reibversuch werden Messungen mit und ohne Absorber ausgeführt. Wenn ein Absorberring nur die Spur abdeckt und deren Strahlung vollständig abschirmt, gilt exakt

$$m_{\text{Spur}} = m_{\text{ohne Absorber}} - m_{\text{mit Absorber}}$$

und die Messung mit Absorber entspricht dem markierten Schmierstoff außerhalb der Gleitbahn. Tatsächlich muß man die Absorberbreite größer wählen als die Spurbreite, die mikroskopisch auf der Stahlscheibe selbst oder an einer Autoradiographie gemessen wird (Mittelwertsbildung für mehrere Positionen). Eine Korrektion auf die wirkliche Verteilung der Radioaktivität zwischen Spur und übriger Fläche ist dann durch einfache geometrische Rechnungen möglich. Von Interesse ist meist die Oberflächenkonzentration des festhaftenden Schmierstoffs, z. B. in μg/cm², die sich aus den beiden Massenanteilen des Schmierstoffs und den dazugehörigen Flächen leicht errechnen läßt.

Für zusätzliche Aussagen über die Gleichmäßigkeit der Verteilung der Radioaktivität in und außerhalb der Reibspur ist in jedem Falle eine Autoradiographie erforderlich. Eine vollständige Abschirmung von γ-Strahlung würde zu dicke Absorber erfordern, deshalb verwendeten wir die Methode z. B. nicht für ^{65}Zn. Für die weiche β-Strahlung des ^{14}C genügen Al-Absorber von nur 0,1 mm Dicke. Wir führten die Messungen mit Al-Ringen von 1 mm Dicke und mit einem *Geiger-Müller*-Zählrohr mit dünnem Endfenster durch.

c) Auch bei der photometrischen Auswertung von Autoradiographien der Stahlscheiben nach einem Reibversuch können die Schmierstoffanteile in der Gleitspur und außerhalb quantitativ nebeneinander bestimmt werden. Voraussetzungen sind: gleichzeitige Exposition einer Standardprobe und die Entwicklung und Fixierung der Autoradiographien von Proben und Standardprobe unter völlig gleichen Bedingungen, Arbeit im Bereich des linearen Zusammenhangs zwischen Strahlungsdosis und Schwärzung.

Abb. 1 zeigt ein Photogramm eines Versuches mit ^{65}Zn DTP. Schwärzungsuntergrund und Schwärzung auf der Stahlscheibe außerhalb der Spur können unterschieden werden und die Überquerung der Reibspuren ergibt hohe und gleichmäßige Schwärzungspeaks. Die Auswertung erfolgt über eine Mittelwertsbildung für mehrere lineare Photogramme über die gesamte Scheibe durch den Scheibenmittelpunkt aus verschiedenen Ausgangspositionen.

Der Zeitaufwand ist höher als für die Methoden a) und b), ist aber zu rechtfertigen, wenn die Ergebnisse auf anderem Wege nicht gewonnen werden können. Wir verminderten den Zeitaufwand für die Eichung, indem wir die Gesamtmenge des festhaftenden Schmierstoffs auf der Scheibe durch Szintillationsmessung und die Anteile in und außerhalb der Spur mit der Autoradiographie nur relativ bestimmten. Aus beiden Resultaten lassen sich die gesuchten absoluten Anteile sehr einfach berechnen.

---

[1] Für die Unterstützung bei der Synthese des ZnDTP(^{14}C) möchten wir an dieser Stelle Frau Dr. *M. Bubner* und Mitarbeitern vom Bereich Kernchemie des ZfK Rossendorf danken.

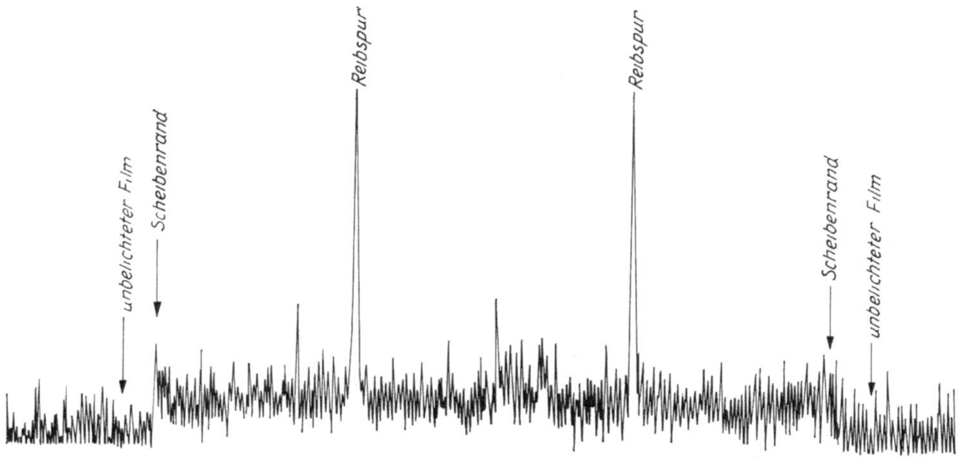

Abb. 1. Photogramm einer Autoradiographie von ^{65}ZnDTP auf einer Stahlscheibe (Durchmesser 50 mm)

Tab. 1. Auftragung von ^{65}Zn-Dicyclohexyldithiophosphat (^{65}ZnDTP) aus Hexadecanlösung auf Stahl 100 Cr 6-Scheiben; 30 °C, 70% relative Luftfeuchtigkeit

Additive	Statische Bedingungen (450 min) (Fläche außerhalb der Reibspur)		Dynamische Bedinungen (Reibspur), 200 min, 50 U/min, Normallast 10 N, Gleitweg 628 m				
	µg/cm²	Zahl der Monoschichten¹)	µg/cm³	Zahl der Monoschichten	Spurbreite mm	Verschleiß µg	Reibungskoeffizient
1% ^{65}Zn DTP	0,17	1,1	1,2	7,7	0,74	0,6	0,08
1% ^{65}Zn DTP + 3,5% Dibenzyldisulfid	0,11	0,7	0,81	5,3	1,10	27,3	0,10
1% ^{65}Zn DTP + 0,5% Ca-Sulfonat	0,35	2,3	1,46	9,6	1,07	2,5	0,09

¹) Die Berechnung erfolgte in allen Fällen bezogen auf die geometrische Oberfläche.

Tab. 2. Auftragung von Zn-Dicyclohexyl(^{14}C)-dithiophosphat [Zn DTP-(^{14}C)] aus Hexadecanlösung auf Stahl 100 Cr6-Scheiben; 30 °C, 70% relative Luftfeuchtigkeit

a) Statische Bedingungen (Fläche außerhalb der Reibspur), t = Einwirkungsdauer des Modellschmierstoffs

Additive	t = 90 min		t = 240 min		t = 450 min	
	µg/cm²	Monoschichten	µg/cm²	Monoschichten	µg/cm²	Monoschichten
1% Zn DTP(^{14}C)	0,107 ± 0,007	0,69 ± 0,04	0,101 ± 0,014	0,65 ± 0,09	0,140 ± 0,011	0,90 ± 0,07
0,5% Zn DTP(^{14}C)	—	—	—	—	0,150 ± 0,020	0,97 ± 0,11
0,5% Zn DTP (^{14}C) + 3,5% Dibenzyldisulfid	0,091 ± 0,012	0,59 ± 0,08	0,114 ± 0,018	0,74 ± 0,12	0,129 ± 0,003	0,83 ± 0,02
0,5% Zn DTP (^{14}C) + 0,26% Dodecylamin	0,070 ± 0,008	0,45 ± 0,05	0,07 ± 0,007	0,49 ± 0,05	0,079 ± 0,013	0,51 ± 0,08

b) Dynamische Bedingungen (Reibspur), t = Dauer des Gleitvorgangs, 50 U/min, Normallast = 10 N, Gleitweg 3,14 m/min

	t = 20 min		t = 60 min		t = 200 min	
	µg/cm²	Monoschichten	µg/cm²	Monoschichten	µg/cm²	Monoschichten
1% Zn DTP (^{14}C)	0,53 ± 0,37	3,7 ± 2,4	0,95 ± 0,49	6,1 ± 3,2	1,78 ± 0,10	11,5 ± 0,7
0,5% Zn DTP (^{14}C)	—	—	—	—	1,94 ± 0,00	12,5 ± 0,0
0,5% Zn DTP (^{14}C) + 3,5% Dibenzyldisulfid	0,48 ± 0,18	3,1 ± 0,6	0,83 ± 0,20	5,3 ± 1,3	0,93 ± 0,18	6,0 ± 1,2
0,5% Zn DTP (^{14}C) + 0,26% Dodecylamin	0,22 ± 0,03	1,41 ± 0,17	0,46 ± 0,04	2,9 ± 0,2	0,60 ± 0,09	3,8 ± 0,6

Tab. 3. Auftragung von ^{14}C-markiertem Hexadecan auf Stahl 100 Cr6-Scheiben; 30 °C, 70% relative Luftfeuchtigkeit

a) Statische Bedingungen (Fläche außerhalb der Reibspur), t = Einwirkungsdauer des Modellschmierstoffs

Additiv	t = 90 min		t = 240 min		t = 450 min	
	µg/cm²	Monoschichten	µg/cm²	Monoschichten	µg/cm²	Monoschichten
ohne	0,96 ± 0,20	5,1 ± 1,1	1,21 ± 0,18	6,5 ± 1,0	1,18 ± 0,28	6,3 ± 1,5
0,5% ZnDTP	0,45 ± 0,02	2,4 ± 0,1	0,49 ± 0,02	2,6 ± 0,1	0,51 ± 0,01	2,8 ± 0,1

b) Dynamische Bedingungen (Reibspur), t = Dauer des Gleitvorgangs, 50 U/min, Normallast 10 N, Gleitweg 3,14 m/min

Additiv	t = 20 min		t = 60 min		t = 200 min	
	µg/cm²	Monoschichten	µg/cm²	Monoschichten	µg/cm²	Monoschichten
ohne	2,9 ± 1,9	16 ± 10	7,5 ± 0,5	40 ± 3	11,8 ± 1,9	63 ± 10
0,5% ZnDTP	4,7 ± 0,1	25 ± 1	8,1 ± 0,2	43 ± 2	12,1 ± 1,0	64 ± 5

2. Ergebnisse und Diskussion

In Tab. 1 bis 3 sind einige Ergebnisse der Bestimmung von festhaftenden Schmierstoffbestandteilen auf Stahlscheiben zusammengestellt und in Abb. 2, 3 und 5 einige zugehörige Autoradiographien gezeigt. Die berechneten Oberflächenbelegungen sind meist Mittelwerte aus drei, in einigen Fällen aus zwei Versuchen. Zu den angegebenen Standardabweichungen (Tab. 2 und 3) ist zu bemerken, daß sie meist niedriger sind als bei entsprechenden Verschleiß- und Korrosionsbestimmungen.

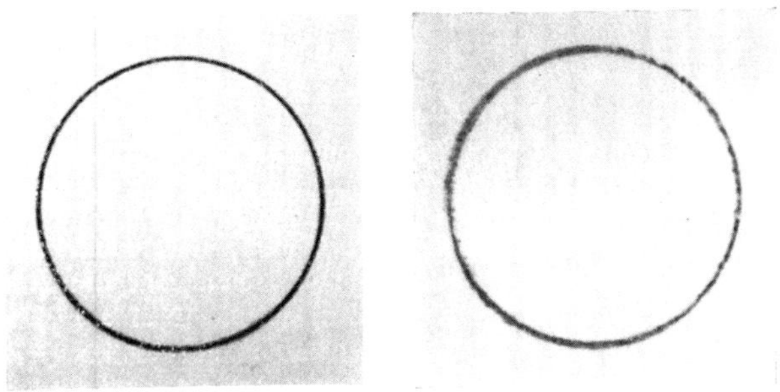

2a 2b

Abb. 2. Autoradiographien der Schichtbildung von ^{65}ZnDTP auf Stahlscheiben

Gleitbahndurchmesser 20 mm; Schmierstoff: a) 1% ZnDTP in Hexadecan; b) 1% ZnDTP + 3,5% Dibenzyldisulfid in Hexadecan

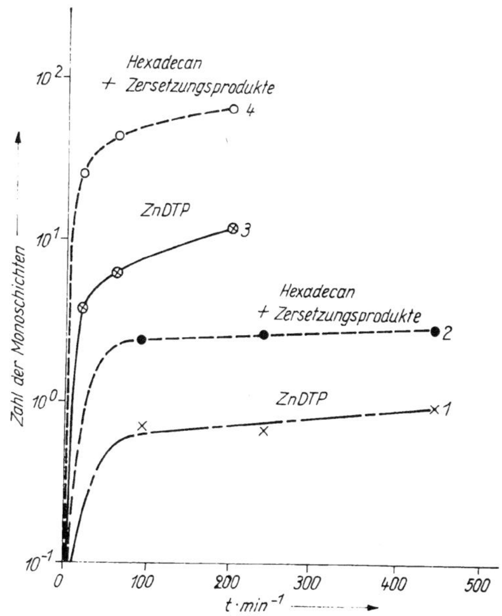

Abb. 4. Abhängigkeit der Schichtbildung von der Zeit

Kurve 1: Fläche außerhalb der Reibspur für ZnDTP [1% ZnDTP(^{14}C) in Hexadecan]

Kurve 2: Fläche außerhalb der Reibspur für Hexadecan und Zersetzungsprodukte [Hexadecan(^{14}C) mit 0,5% ZnDTP]

Kurve 3: Reibspur für ZnDTP [1% ZnDTP(^{14}C) in Hexadecan]

Kurve 4: Reibspur für Hexadecan und Zersetzungsprodukte [Hexadecan(^{14}C) mit 0,5% ZnDTP]

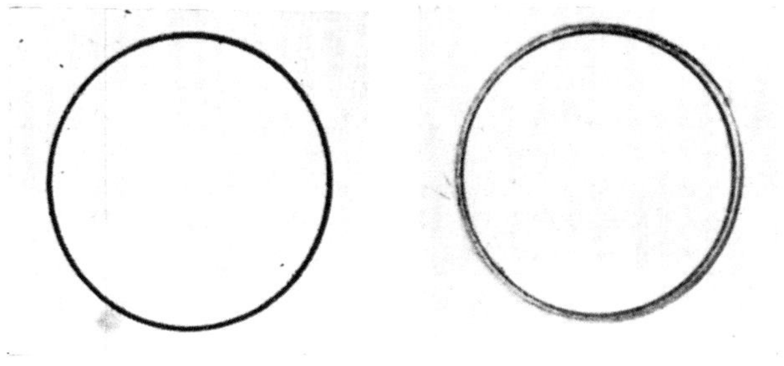

3a 3b

Abb. 3. Autoradiographien der Schichtbildung von ZnDTP(^{14}C) auf Stahlscheiben

Gleitbahndurchmesser 20 mm; Schmierstoff: a) 0,5% ZnDTP in Hexadecan; b) 1% ZnDTP + 3,5% Dibenzyldisulfid in Hexadecan

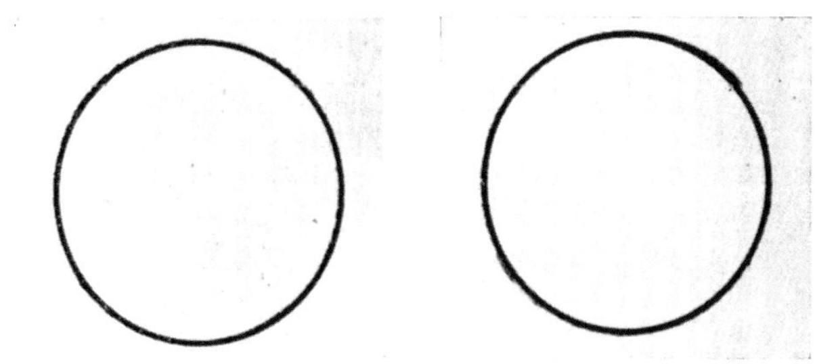

5a 5b

Abb. 5. Autoradiographien der Schichtbildung von Hexadecan(^{14}C) auf Stahlscheiben

Gleitbahndurchmesser 20 mm; Schmierstoff: a) Hexadecan; b) Hexadecan + 0,5% ZnDTP

2.1. *Versuche mit ^{65}Zn-Dicyclohexyldithiophosphat*

Tab. 1 zeigt folgende für die Beurteilung der Grenzschichtvorgänge wichtige Ergebnisse:

– Die Oberflächenkonzentration des ZnDTP in der Reibspur ist mehrfach höher als außerhalb, wie es auch die Autoradiographien darstellen.

– Nach der berechneten Zahl von etwa einer Monoschicht (der Platzbedarf für 1 Molekül ZnDTP beträgt nach [5] etwa 7×10^{-15} cm^2) außerhalb der Reibspur kann indirekt geschlossen werden, daß Chemisorption vorliegt, die Gleichmäßigkeit der Verteilung wird durch die Autoradiographien (Abb. 2) bestätigt. Im Falle der Physisorption wäre eine weitgehendere Abwaschbarkeit der Schicht und bei Reaktion zwischen Additiv und Stahl eine dickere Schicht zu erwarten.

– Ein zweites Additiv kann die Schichtbildung des ZnDTP herabsetzen (Dibenzyldisulfid), z. B. durch Konkurrenzadsorption, oder auch erhöhen (Ca-Sulfonat), wofür chemische Wechselwirkungen, Bildung poröser Schichten usw. die Ursache sein können. Eine Korrelation zwischen Schichtdicke und Verschleiß oder Reibungskoeffizient kann aus den Versuchen nicht eindeutig erkannt werden. Der relativ große Unterschied zwischen den Verschleißergebnissen mit und ohne Dibenzyldisulfid ist nach unserer Ansicht eher auf die Gleichmäßigkeits- als auf die Schichtdickenunterschiede zurückzuführen (Abb. 2, siehe auch [6]).

2.2. *Versuche mit Zn-Dicyclohexyldithiophosphat-^{14}C*

ZnDTP(^{14}C) wurde verwendet, um eine Verbindung zu haben, die chemisch dem ^{65}ZnDTP gleicht, so daß bei Veränderungen des ^{65}Zn/^{14}C-Verhältnisses in der Oberflächenschicht eindeutige Aussagen zu chemischen Reaktionen des ZnDTP möglich sind. Die in unserem Labor in anderen Fällen erprobte Doppelmarkierung (*S. Ludwig* u. a.), mit der zahlreiche Fehler ausgeschlossen werden, welche die Genauigkeit der Bestimmung des ^{65}Zn/^{14}C-Verhältnisses bei Einzelmarkierung verschlechtern, wurde bei den vorliegenden Versuchen noch nicht angewandt, weil die Anteile der vom ^{65}Zn und vom ^{14}C verursachten Schwärzung auf den Autoradiographien bei Doppelmarkierung nicht getrennt bestimmt werden können.

In Tab. 2 sind die Versuche mit ZnDTP(^{14}C) ausgewertet, wobei wegen des geringeren experimentellen Zeitaufwandes im Gegensatz zu den Versuchen mit ^{65}ZnDTP auch die Zeitabhängigkeit der Schichtbildung für die Anteile in und außerhalb der Reibspur untersucht wurde. Die höheren angegebenen Experimentierzeiten für die statischen Versuche beruhen auf den Wartezeiten bis zur Einstellung der Temperatur und Luftfeuchtigkeit vor dem Versuch und nach Zwischenauswertungen.

Ergebnisse:

– Aus Gründen der Vergleichbarkeit der Versuche mit anderen Untersuchungen in unserem Laboratorium mußte von 1% ZnDTP auf 0,5% übergegangen werden. Tab. 2 zeigt keinen signifikanten Einfluß.

– Die Ergebnisse für ZnDTP(^{14}C) ohne andere Additive weichen von den Versuchen mit ^{65}ZnDTP nicht bedeutend ab. Eine signifikante Verschiebung des Zn/C-Verhältnisses liegt also nicht vor. Für die statischen Versuche wird somit die Annahme der Chemisorption einer Monoschicht gestützt, für die dynamischen Versuche die starke ZnDTP-Anreicherung in der Spur gesichert (siehe auch Abb. 3).

– Als Zweitadditiv ergibt Dibenzyldisulfid gute Übereinstimmung zwischen den Versuchen mit ^{65}ZnDTP und ZnDTP(^{14}C). Die Ungleichmäßigkeit der Auftragung in der Gleitspur äußert sich hier besonders in einer Spurverbreiterung und -aufspaltung (Abb. 3). Dodecylamin ergibt mit guter Reproduzierbarkeit eine wesentlich deutlichere Herabsetzung der ZnDTP-Auftragung in und außerhalb der Reibspur im Vergleich zum Dibenzyldisulfid.

– Die weitgehende Parallelität des zeitlichen Verlaufs der statischen und dynamischen Auftragung (Abb. 4) ist als starker Hinweis auf die große Bedeutung der Chemisorption des ZnDTP als Vorbereitungsschritt für die Schichtbildung in der Reibspur anzusehen. Die große Anfangsgeschwindigkeit der Adsorption ist in den Kurven angedeutet, obwohl dazu noch Kurzzeitmessungen notwendig sind.

2.3. *Versuche mit ^{14}C-markiertem Hexadecan*

Obwohl an dem vorhandenen ^{14}C-markierten Hexadecan die Reinheit, z. B. der Gehalt an Oxydationsprodukten, wie Hexadecylalkohol und Palmitinsäure, noch nicht kontrolliert werden konnte, sind doch einige Untersuchungen über die Beteiligung dieses Lösungsmittels an der Schichtbildung mit und ohne ZnDTP-Additiv von Interesse (Tab. 3). Die Berechnung der aufgetragenen Massen erfolgte als Hexadecan, was nur bei der wenig wahrscheinlichen Bildung kleiner ^{14}C-haltiger Zersetzungsprodukte in größerer Menge wesentliche Fehler ergibt.

Resultate:

– Die errechnete Flächenbedeckung in μg/cm^2 (Tab. 3) beträgt für die Fläche in der Reibspur und außerhalb das Mehrfache im Vergleich zu ZnDTP (Tab. 1 und 2, Abb. 4). Das gilt auch für die Zahl der Monoschichten, für deren Berechnung der Querschnitt eines Stearinsäuremoleküls von $2 \cdot 10^{-15}$ cm^2 zugrunde gelegt wurde [7]. Auch unter Berücksichtigung des im Schmierstoff vorliegenden Verhältnisses der Molekülzahlen Hexadecan (+ Zersetzungsprodukte) zu ZnDTP von etwa 600:1 und des Massenverhältnisses von 200:1 ist aus der hohen Flächenbelegung für statische Versuche in Tab. 3 auf eine starke Beteiligung von polaren Zersetzungsprodukten des Hexadecans zu schließen, da Hexadecan selbst mit Toluol praktisch vollständig abwaschbar sein müßte.

– ZnDTP erniedrigt die Beteiligung des ^{14}C der Hexadecanproben an der Schichtbildung unter statischen Bedingungen um mehr als die Hälfte, wie es einer Verdrängungsadsorption entspricht. Ein Vergleich von Autoradiographien (Abb. 5) zeigt, daß dabei die Verteilung des ^{14}C auf der Oberfläche gleichmäßiger wird.

– Auf die Schichtbildung des Hexadecans (^{14}C) in der Reibspur ist das ZnDTP jedoch ohne signifikanten Einfluß. Diese Abweichung von der bei dem Additiv ZnDTP gefundenen Parallelität des Einflusses von Zusätzen auf die Schichtbildung unter statischen und dynamischen Bedingungen läßt sich mit der in jedem Falle im Vergleich zum Additiv hohen Konzentration des Lösungsmittels in Oberflächennähe im Reibprozeß erklären.

3. **Schlußbemerkungen**

Die Untersuchungen sollten zeigen, daß zur Lösung von Schichtbildungsfragen mit Schmierstoffen die Markierungsmethodik meist nicht mehr durch Markierung eines

Partners im System, sondern nur durch komplexen Einsatz der Methodik in ihrer ganzen Vielfalt weiterführen kann. Zur Beschleunigung der quantitativen Auswertung der Autoradiographien wollen wir zukünftig ein Densitron verwenden. Die Klärung offengebliebener bzw. neuentstandener Fragen – z. B. zur qualitativen und quantitativen Mitwirkung chemischer, thermischer und mechanischer Effekte an der Schichtbildung in der Reibspur und zu dem Ergebnis, daß außerhalb der Reibspur zusätzlich zu einer Monoschicht ZnDTP noch mehrere Monoschichten des Lösungsmittels fest gebunden werden – erfordert weitere Untersuchungen.

Für die Arbeiten zur Herstellung der radioaktiv markierten Zn-Dithiophosphate möchten die Autoren Frau Dipl.-Ing. *S. Ludwig*, Herrn Dr. *R. Langenstraßen* und Herrn *F. Brutschin* danken.

Eingegangen am 10. 9. 1979

Literatur

[1] *D. N. Garkunov, V. N. Lozovskyi, A. A. Polyakov*, Dokl. Akad. Nauk SSR **133** (1960)
[2] *J. J. Dickert, C. N. Rowe*, ASLE Transactions **20** (1977) 143; *H. Okabe, H. Nisnio, M. Masuko*, ASLE Transactions **22** (1979) 65
[3] *K. Wagner, K. Meyer, G. Keil*, Schmierungstechnik 8 (1977) 302
[4] *K. Wagner, K. Dehlan*, Isotopenpraxis **14** (1978) 292
[5] *E. Baumgarten*, Erdöl und Kohle **25** (1972) 28
[6] *K. Wagner, H. Kloß*, Vortrag zum 16. Internationalen Symposium Schmierungstechnik, Leipzig, 8. u. 9. 3. 1979, Veröffentlichung in der Zeitschrift Schmierungstechnik vorgesehen
[7] *W. Apel*, Dissertation Friedrich-Schiller-Universität Jena 1965, S. 73

Radiometrische Bestimmung von Ionenbeweglichkeiten

*R. Dreyer, I. Dreyer, A. Kolaczkowski**), *S. Riedel*

(Technische Universität Dresden, Sektion Chemie, Wissenschaftsbereich Strukturchemie und Radiochemie)[1])

Herrn Prof. Dr.-Ing. habil. Dr. h. c. mult. *Kurt Schwabe* zum 75. Geburtstag gewidmet

Die Anwendung von Radionukliden gestattet es, die Wanderungsgeschwindigkeit von Ionen im elektrischen Feld direkt zu messen und deren Ionenbeweglichkeiten zu bestimmen. Die radiometrische Methode ermöglicht Untersuchungen in wäßrigen und nichtwäßrigen Elektrolyten. Am Modell des Silberkations Ag^+ *wird der Einfluß des Elektrolyten auf die Wanderungsgeschwindigkeit gezeigt. Eine Mikrosynthese von mit* ^{82}Br *markiertem Perbromat wird beschrieben und die Ionenbeweglichkeit des* BrO_4^- *im Vergleich mit der des* BrO_3^- *und des* Br^- *in verschiedenen Elektrolyten angegeben. Eine phänomenologische Betrachtung zur Kenntnis der Hydratationszahlen von Halogenionen weist auf einen Zusammenhang zwischen der Masse der Ionen und der Ionenbeweglichkeit hin.*

(B12) INIS DESCRIPTORS:

anions; bromates; bromides; bromine 82; cations; chemical preparation; electrolytes; experimental data; hydration; ion mobility; isolated values; labelled compounds; perbromates; radiometric analysis; silver 110; silver compounds

Einleitung

Die radiometrische Methode zur Bestimmung von Ionenbeweglichkeiten erlaubt Untersuchungen in wäßrigen und nichtwäßrigen Elektrolyten, die nach klassischen Methoden nicht möglich sind. Sie ist eine erfolgversprechende Methode zur Charakterisierung des chemischen Zustands von nur im trägerfreien Zustand darstellbaren Radionukliden und gestattet es darüber hinaus, für ein gegebenes trägerfreies Ion eine exakte physikalische Konstante zu ermitteln.

Ionenbeweglichkeiten in Butanol-Hexan-Mischungen bzw. in Methanol wurden unter Verwendung von Radionukliden von *G. G. Suchotina, A. M. Suchotin* [1] und *G. Marx, D. Hentschel* [2] nach der Methode der wandernden Grenzschichten bestimmt. Mittels einer einfachen Meßanordnung konnten erstmalig Ionenbeweglichkeiten von Ionen des Astats in verschiedenen Elektrolyten ermittelt werden [3]. Die Anwendung der radiometrischen Methode ermöglichte es, bisher nicht bekannte anionische und kationische Formen des 5. Halogens nachzuweisen und zu charakterisieren [4, 5].

Ein Vergleich der Ionenbeweglichkeiten der Halogenanionen vom Typ XO_3^-, XO_4^- (X = Cl, J) zeigt, daß das Ion XO_4^- eine höhere Beweglichkeit besitzt als XO_3^-. Messungen am Perastatat und Astatat bestätigten dies auch für das Astat [3].

Für das Perbromat, erstmalig von *E. H. Appelman* [6] dargestellt, lagen bisher keine Angaben über dessen Beweglichkeit vor.

Experimentelles

^{110m}Ag

50 mg Silber wurden bei einem Neutronenfluß von ca. $3-5 \cdot 10^{13}$ n/cm² · s 188 h im Kernreaktor des ZfK Rossendorf bestrahlt. Nach dem Auflösen des Targets in konz. HNO_3 wurde das $AgNO_3$ abgetrennt und in 2 ml 0,1 M HNO_3 aufbewahrt.

^{82}Br

Wäßrige Lösung von NaBr (35 mg/ml)
(Hauptabteilung radioaktive Isotope ZfK Rossendorf)

[1]) Anschrift: 8027 Dresden, Mommsenstr. 13
*) Laboratorium für Kernprobleme VIK Dubna)

BrO_4^- (markiert mit ^{82}Br)

Auf der Grundlage der ersten Synthese des Perbromates [6] und Resultaten zur Darstellung des Perastatats [7] wurde die Mikrosynthese des markierten BrO_4^- durch Oxydation von Br^- mit XeF_2 in alkalischer Lösung unter folgenden Bedingungen durchgeführt: 0,1 ml 4 M NaOH + 0,1 ml $1 \cdot 10^{-3}$ M KBr (markiert mit ^{82}Br) wurden mit ca. 5 mg XeF_2 versetzt und 1 min auf 100 °C erwärmt.

BrO_3^- (markiert mit ^{82}Br)

0,2 ml einer $1 \cdot 10^{-3}$ M KBr-Lösung wurden mit ca. 5 mg XeF_2 versetzt und 1 min auf 100 °C erwärmt

Ergebnisse und Diskussion

In der Literatur liegen bislang nur wenige Angaben zur Kenntnis der Ionenbeweglichkeiten von Mikromengen eines gegebenen Ions in Fremdelektrolyten vor.

Die Anwendung der radiochemischen Methode zur direkten Messung der Wanderungsgeschwindigkeit eines Ions und die Ermittlung der Ionenbeweglichkeiten erfordern für die Charakterisierung trägerfreier oder trägerarmer Radionuklide in Fremelektrolyten eine Reihe von Kontrollmessungen mit Anionen und Kationen genau bekannter Ionenbeweglichkeiten. Der Vergleich der radiometrisch ermittelten Daten mit denen nach klassischen elektrochemischen Methoden erhaltenen gestattet es außerdem, die Leistungsfähigkeit der erstgenannten Methode für diese Fragestellung zu überprüfen. Als Modellionen wurden in der vorliegenden Arbeit Ag^+, Br^- und BrO_3^- herangezogen.

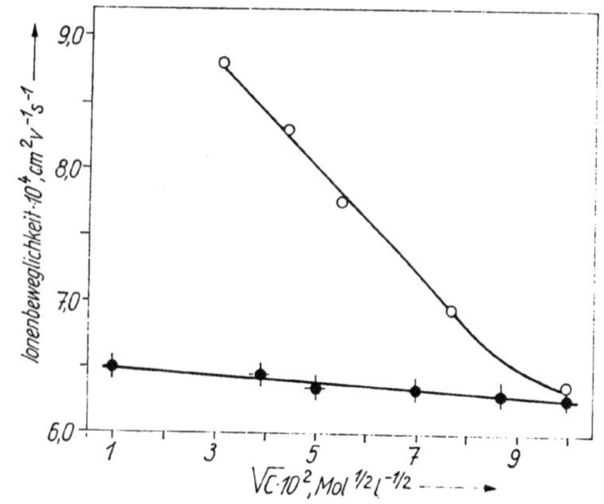

Abb. 1. Ionenbeweglichkeit von Ag^+ in unterschiedlichen Elektrolyten
○ – HNO_3; ● – $AgNO_3$; + – KNO_3

In Abb. 1 sind Ergebnisse über die radiometrisch bestimmten Ionenbeweglichkeiten des Ag^+ in $AgNO_3$- und KNO_3-Lösungen unterschiedlicher Konzentration sowie in Abhängigkeit von der HNO_3-Konzentration dargestellt. Innerhalb der Fehlergrenzen stimmen die für $AgNO_3$- und KNO_3-Lösungen ermittelten Werte überein. Im angegebenen Konzentrationsbereich folgt die Ionenbeweglichkeit des Ag^+ dem $\sqrt{C}$-Gesetz und geht bei niedriger Konzentration in den Literaturwert von $6{,}49 \pm 0{,}05 \cdot 10^{-4}$ $cm^2 V^{-1} s^{-1}$ über.

Bemerkenswert ist die Ionenbeweglichkeit des Ag^+ in HNO_3-Lösungen gleicher Konzentration. Die experimentell ermittelten Werte liegen erheblich über den aus Leitfähigkeitsmessungen für unendliche Verdünnung angegebenen.

Die gleiche Erscheinung wurde bei Untersuchungen in $HClO_4$ beobachtet.

Die Wanderungsgeschwindigkeit von Br^--Ionen wird dagegen sowohl in alkalischen als auch in sauren Lösungen unter gleichen Bedingungen nicht merklich beeinflußt.

Tab. 1. Ionenbeweglichkeit des Br^- bei 25 °C in unterschiedlichen Elektrolyten

Elektrolyt	Konz. Mol/l	$W \cdot 10^4$ $cm^2 V^{-1} s^{-1}$
KBr	0,01	7,91 ± 0,10
KNO_3	0,01	7,93 ± 0,10
HBr	0,01	8,00 ± 0,10
HNO_3	0,001	8,08 ± 0,10
	0,01	7,95 ± 0,10
NaOH	0,005	8,08 ± 0,10
	0,02	7,85 ± 0,10

Über die Ursachen des Verhaltens dieser Ionen in Fremdelektrolyten lassen sich auf Grund des bisher vorliegenden geringen Materials noch keine Aussagen ableiten. Änderungen in den Hydratationszahlen lassen sich z. B. nicht ausschließen.

Die aus Literaturdaten zugänglichen Werte für die Ionenbeweglichkeiten von Halogenionen sowie erste Angaben zu den Anionen des Astats zeigen, daß im Falle des Cl, J und At die XO_3^--Anionen eine geringere Beweglichkeit besitzen als die XO_4^--Anionen. Für das Paar BrO_3^-/BrO_4^- liegen bisher nur Angaben zum BrO_3^- vor. Die Oxydation von Br^- mit XeF_2 in alkalischer Lösung im Mikromaßstab führt zu einer Verbindung, deren Ionenbeweglichkeit sich von der des Br^- und des BrO_3^- unterscheidet. In saurer Lösung wird ein Ion gebildet, dessen Wanderungsgeschwindigkeit der des BrO_3^- entspricht.

Die radiometrische Bestimmung der Ionenbeweglichkeiten führten wir auf Grund der geringen Menge der synthetisierten Verbindungen in Elektrolyten durch, die Oxyanion des Broms oder des Jods enthielten. Zum Vergleich wurden in allen Fällen die Werte für Br^- und BrO_3^- mitbestimmt.

Die Untersuchungen zur Mikrosynthese von AtO_4^-, AtO_3^- [7, 3] und BrO_3^- [8] durch Oxydation der X^--Ionen mit Xenonfluoriden sowie die vorliegenden Ergebnisse zur Oxydation des Br^- in saurer und alkalischer Lösung mittels XeF_2 lassen den Schluß zu, daß wir das Anion BrO_4^- vorliegen haben. Unter gleichen Bedingungen unterscheiden sich die Ionenbeweglichkeiten des BrO_3^- und BrO_4^- um 0,3 $cm^2 V^{-1} s^{-1}$.

Wie bei den Paaren des Cl, J und At besitzt auch beim Brom die XO_4^--Form eine höhere Beweglichkeit als die XO_3^--Form.

Messungen der Ionenbeweglichkeiten von BrO_4^- und BrO_3^- in 0,01 – 0,03 M $HClO_4$ zeigen, daß analog dem JO_4^- und AtO_4^- auch das BrO_4^- im untersuchten Konzentrationsbereich nicht stabil ist und in BrO_3^- übergeht.

Die Kombination von Literaturdaten mit den nach der radiometrischen Methode ermittelten Angaben zur Kenntnis der Ionenbeweglichkeiten von Astationen und des

Tab. 2 Ionenbeweglichkeit von Br^-, BrO_3^- und BrO_4^- bei 25 °C

Ion	Elektrolyt	Konz., Mol/l	$W \cdot 10^4\ cm^2\ V^{-1}\ s^{-1}$
Br^-	$KBrO_3$	0,01	7,93 ± 0,10
	KJO_4	0,01	7,89 ± 0,10
BrO_3^-	$KBrO_3$	0,01	5,61 ± 0,10
	KJO_4	0,01	5,58 ± 0,10
BrO_4^-	$KBrO_3$	0,01	5,94 ± 0,10
	KJO_4	0,01	5,92 ± 0,10

BrO_4^- gestattet es, einen Zusammenhang zwischen ihrer Wanderungsgeschwindigkeit in wäßrigen Elektrolyten und den wahrscheinlichen Hydratationszahlen herzustellen.

Das Verhalten von Ionen in Elektrolyten wird maßgeblich bestimmt durch die von den Ionen mitgeführte Solvathülle. Für wäßrige Elektrolyte schwanken die angegebenen Hydratationszahlen je nach der Bestimmungsmethode in einem weiten Bereich [9, 10]. Vergleicht man die vorliegenden Angaben zu den Ionenbeweglichkeiten von Halogenionen, so lassen sich einige Besonderheiten feststellen:

- Die Anionen Cl^-, Br^-, J^- sind nur wenig zu unterscheiden. F^- und At^- besitzen eine geringere Beweglichkeit als die übrigen Halogenidionen.
- Halogenanionen vom Typ XO_4^- zeigen eine höhere Beweglichkeit als die zugehörigen Anionen vom Typ XO_3^-.
- Innerhalb der Gruppen XO_3^-, XO_4^- sinkt die Ionenbeweglichkeit beim Übergang von den leichten zu den schweren Halogenionen.

Unter der Voraussetzung, daß die Radien der solvatisierten Halogenionen nicht wesentlich voneinander unterschieden sind, wird die Transportgeschwindigkeit der Ionen in Elektrolyten von den apparativen Parametern, den Lösungsmittelkonstanten und der Masse der solvatisierten Ionen bestimmt.

Für wäßrige Lösungen der Halogenionen ergibt sich nur bei Zuordnung bestimmter Hydratationszahlen ein Zusammenhang zwischen Ionenbeweglichkeit und der Masse der hydratisierten Ionen. Vergleicht man die Gruppen X^-, XO_3^-, XO_4^- untereinander, so zeigt nur das At^-, als wahrscheinlich nicht hydratisiertes Ion (extrapolierter Ionenradius 2,3 Å [11]), eine höhere Ionenbeweglichkeit als dem in Abb. 2 dargestellten Zusammenhang entspricht. Die Abnahme der Hydratationszahlen für die Halogenide steht im Einklang mit der nach anderen Methoden [9, 10] angegebenen Reihenfolge.

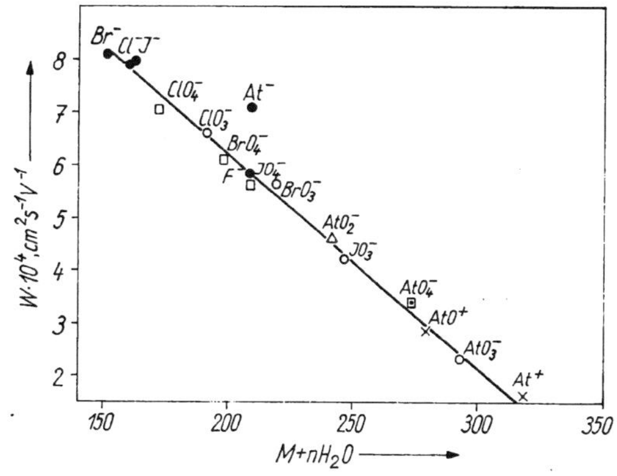

Abb. 2. Zusammenhang zwischen Ionenbeweglichkeit und Masse der hydratisierten Ionen

Werte für BrO_4^- und Astationen auf unendliche Verdünnung extrapoliert

Die Anzahl der Wassermolekeln $Cl^- \approx 6-7$, $Br^- \approx 4$, $J \approx 2$ stimmen gut mit den unter Verwendung von D_2O [12] gemessenen Werten überein.

Für das Perjodation mit 1–2 H_2O lassen sich die bekannten Formen des $H_2JO_5^-$ und $H_4JO_6^-$ formulieren.

Die radiometrisch ermittelten Ionenbeweglichkeiten für die Astatanionen und die kationischen Formen des Elements ordnen sich zwanglos ein.

Eingegangen am 11. 9. 1979

Literatur

[1] *G. G. Suchotina, A. M. Suchotin,* J. phys. Chim. (UdSSR) **35** (1961) 35

[2] *G. Marx, D. Hentschel,* Talanta **16** (1969) 1159

[3] *I. Dreyer, R. Dreyer, V. A. Chalkin,* Radiochem. Radioanal. Letters **35** (1978) 257

[4] *I. Dreyer, R. Dreyer, V. A. Chalkin,* Radiochem. Radioanal. Letters **36** (1978) 389

[5] *I. Dreyer, R. Dreyer, V. A. Chalkin,* Radiochem. Radioanal. Letters im Druck

[6] *E. H. Appelman,* J. Amer. chem. Soc. **90** (1968) 1900

[7] *V. A. Chalkin* u. a., Dokl. Akad. Nauk (UdSSR) **195** (1970) 281

[8] *I. Dreyer, R. Dreyer, Y. V. Norseev, V. A. Chalkin,* Radiochem. Radioanal. Letters **33** (1978) 281

[9] *T. Erdey-Grúz,* Transport Phenomena in Aqueous Solutions, Akadémiai Kiadó, Budapest 1974

[10] *K. Schwabe,* Physikalische Chemie Bd. 2, Elektrochemie, Akademie Verlag Berlin 1975

[11] *V. A. Chalkin, E. Herrmann,* Isotopenpraxis **11** (1975) 333

[12] *A. J. Rutgen, Y. Hendrikx,* Trans. Farad. Soc. **58** (1962) 2184

Untersuchungen zum Triglyzeridstoffwechsel von Patienten mit tritiummarkiertem Glyzerol

W. Leonhardt, U. Julius, R. Koch, J. Schulze

(Medizinische Klinik und Organisations- und Rechenzentrum der Medizinischen Akademie „Carl Gustav Carus" Dresden)[1])

Herrn Prof. Dr.-Ing. habil. Dr. h. c. mult. *Kurt Schwabe* zum 75. Geburtstag gewidmet

Triglyzeride werden als Bestandteil der Lipoproteine von der Leber an das Blut abgegeben und von Fettgewebe und Muskulatur aus dem Blut eliminiert. Die Kinetik dieses Stoffwechselweges wurde mit injiziertem tritiummarkiertem Glyzerol verfolgt, das in der Leber in die Triglyzeride eingebaut wird. Die Radioaktivitäts-Zeit-Kurve der Serumtriglyzeride wurde mit einem Computer analysiert. Im Ergebnis von 99 Untersuchungen wurde eine Abnahme der fraktionellen Turnoverrate und eine Zunahme der Turnoverrate mit der Triglyzeridkonzentration festgestellt. Die Untersuchungen gestatten die Entscheidung, ob eine erhöhte Triglyzeridkonzentration des Serums auf einer Überproduktion oder einer Eliminationsstörung beruht.

(C62) INIS DESCRIPTORS:

biological half-life; blood serum; diagnosis; experimental data; glycerol; graphs; isolated values; metabolism; patients; radionuclide kinetics; time dependence; triglycerides; tritium compounds

1. Einleitung

Messungen des Turnovers radioaktiv markierter Substanzen im Blut haben in der modernen Medizin große Bedeutung erlangt. Die Markierung mit Tritium bietet dabei die Vorteile einer geringen Strahlenbelastung und einer meist kurzen biologischen Halbwertszeit. Die Untersuchungen umfassen den Turnover von körperfremden Substanzen, wie Medikamenten, aber auch von Stoffwechselprodukten, wie Glukose. Die entsprechenden markierten Präparate werden durch intravenöse Injektion in die Blutbahn gebracht. Schwieriger ist es, den Turnover der Blutfette zu untersuchen, da diese als Bestandteile der Lipoproteine im Blut zirkulieren. Es handelt sich um kolloiddisperse Partikel aus Triglyzeriden, Cholesterol, Phospholipiden und Apoproteinen, die nicht synthetisch hergestellt werden können. Zur Messung des Turnovers der Triglyzeride kann man jedoch markiertes Glyzerol injizieren, das in der Leber mit Fettsäuren verestert, in einen Leber-Triglyzeridpool eingebaut und von der Leber als Lipoprotein-Triglyzerid an das Blut abgegeben wird [1]. Die Elimination aus dem Blut geschieht durch Fettgewebe und Muskulatur unter der Wirkung von Lipoproteinlipase. Dieses Enzym bewirkt die Abspaltung der Fettsäuren aus den Lipoprotein-Triglyzeriden. Über kinetische Studien des geschilderten Stoffwechselweges der Triglyzeride wird im folgenden berichtet.

2. Material und Methoden

2.1. *Untersuchungsgang*

Wir führten 99 Untersuchungen bei stationär untergebrachten Patienten mit normalen und erhöhten Triglyzeridkonzentrationen im Serum durch. Die Patienten erhielten um 8 Uhr morgens im Nüchternzustand 400 μCi [2-^{3}H]-Glyzerol (NET-022, 200 mCi/mmol, New England Nuclear) injiziert. Wir entnahmen über 24 Stunden hinweg 14 Blutproben (8, 10, 11, 11.30, 12, 12.30, 13, 13.30, 14, 15, 16, 18, 21 und 8 Uhr). Aus dem Serum wurden die Triglyzeride extrahiert und im Flüssigszintillator gemessen. Parallel dazu kontrollierten wir die Triglyzeridkonzentrationen. Sie sollen möglichst konstant bleiben; die Patienten erhielten daher erst um 16 und 18 Uhr leichte Mahlzeiten.

2.2. *Aufarbeitung der Serumproben*

1 ml Serum wurde zunächst mit einem methanolreicheren, danach mit einem chloroformreicheren Extraktionsmittel bearbeitet. Die Extrakte wurden vereinigt, zweimal mit wäßriger Phase gewaschen und mit Kieselsäure zur Adsorption der Phospholipide behandelt. Der gesamte Arbeitsgang ist in Abb. 1 schematisch dargestellt [2]. Zur Radioaktivitätsmessung diente das Gerät LKB Wallac 81000 mit Quenchkorrektur durch externen Standard.*) Die Bestimmung der Triglyzeride im Serum erfolgte enzymatisch mit Testbestecken (Boehringer Mannheim).

2.3. *Auswertung*

Die Radioaktivität A der Triglyzeride erreichte 2 bis 3 Stunden nach Injektion ihr Maximum, um danach annähernd nach einer Exponentialfunktion abzufallen. Zwei Beispiele werden in Abb. 2 gezeigt. Bei längerer Untersuchungszeit machte sich die Annäherung an einen konstanten Endwert A_0 bemerkbar. Dieser wurde empirisch so gewählt, daß $A - A_0$ über mehrere Größenordnungen eine Gerade ergab, an der die Halbwertszeit $t_{1/2}$ abgelesen werden konnte. Der untere Teil von Abb. 2 zeigt das Profil der Triglyzeridkonzentrationen. Für die weitere Berechnung wurden alle 14 Meßpunkte zum Mittelwert s vereinigt.

[1]) Anschrift: 8019 Dresden, Fetscherstr. 74

*) Für die Messungen danken die Autoren dem Pharmakologischen Institut der Medizinischen Akademie Dresden.

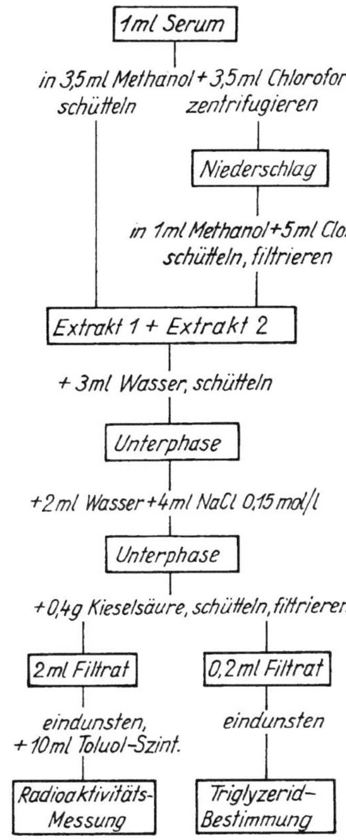

Abb. 1. Aufarbeitung der Serum-Proben für die Messung der Triglyzerid-Turnoverrate

Die fraktionelle Turnoverrate (in h^{-1}) wird nach

$$p = (\ln 2)/t_{1/2} \qquad (1)$$

berechnet. Multiplikation mit der Größe des Serum-Triglyzeridpools ergibt die Turnoverrate (in mg kg^{-1} h^{-1}) [3]:

$$v = 0{,}45\ b\ p\ s \qquad (2)$$

s = mittlere Triglyzeridkonzentration (mg/100 ml)

Der Faktor 0,45 berücksichtigt 45 ml Serumvolumen pro kg Körpergewicht bei idealgewichtigen Patienten.

b: Korrekturfaktor für Abweichung vom Idealgewicht

$b = 0{,}22 + 0{,}78/I$

I = Idealgewicht-Index = Istgewicht/Idealgewicht.

2.4. *Regressionsrechnung*

Das graphische Auswertungsverfahren der Aktivitäts-Zeit-Kurven birgt in Anbetracht der Zufallsstreuungen der Meßwerte eine gewisse Unsicherheit in sich: je höher A_0 gewählt wird, um so höher fällt p aus.

Deshalb wurden auf der Basis der Modellgleichung

$$\ln (A - A_0) = \ln A_1 - pt \qquad (3)$$

die Aktivitäts-Zeit-Beziehungen auch durch lineare Regressionsrechnung mit verschiedenen A_0 getestet, bis das Bestimmtheitsmaß B (das Quadrat des Korrelationskoeffizienten) seinen Maximalwert annahm. Das Verfahren ist in einem Beispiel demonstriert (Abb. 3).

3. Ergebnisse

Die nach graphischer und rechnerischer Auswertung ermittelten fraktionellen Turnoverraten sind mit einem Korrelationskoeffizienten von 0,866 und einem Regressionskoeffizienten von 0,930 gut korreliert (Abb. 4). Obwohl sich die Mittelwerte nicht signifikant unterscheiden, ergeben sich in Einzelfällen doch beträchtliche Differenzen. Wegen der geschilderten Unsicherheit der graphischen

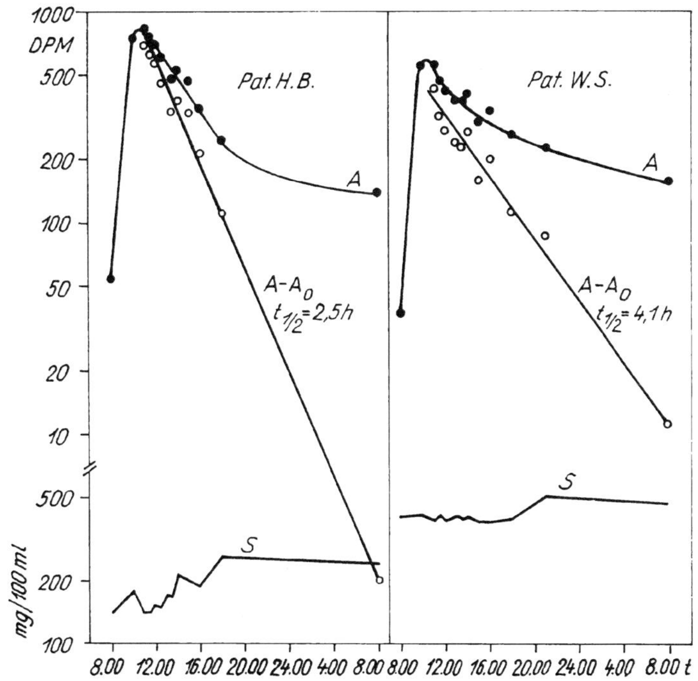

Abb. 2. Radioaktivitäts- und Triglyzeridprofile bei Messung der Triglyzerid-Turnoverrate

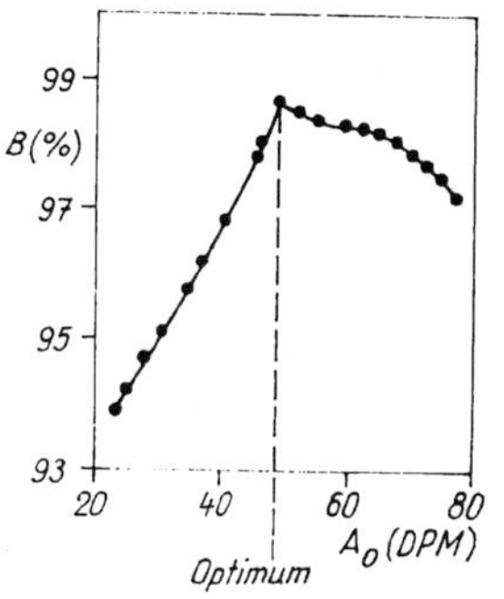

Abb. 3. Optimierung von A_0 anhand des Bestimmtheitsmaßes B

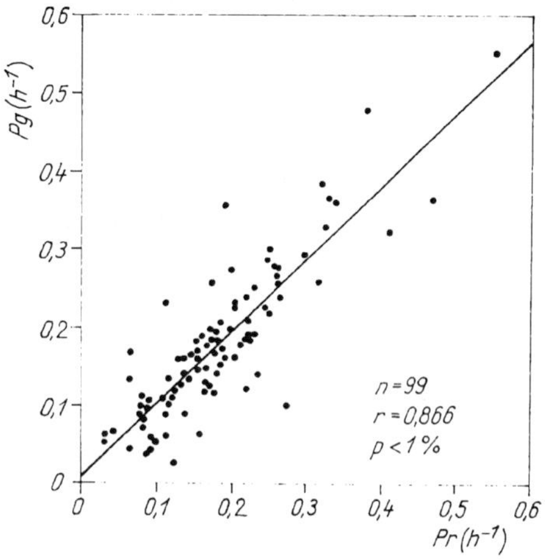

Abb. 4. Fraktionelle Turnoverrate nach rechnerischer (p_r) und graphischer (p_g) Auswertung

Auswertung wurden deshalb im folgenden die rechnerisch ermittelten Werte verwendet. Die mit der Standardabweichung des Regressionskoeffizienten berechneten Variationskoeffizienten VK vermitteln einen Eindruck von der Genauigkeit einer Einzeluntersuchung. Der VK lag im Mittel bei 6,8%.

Der Zusammenhang zwischen Triglyzerid-Turnover und -Konzentration wurde in einem sehr weiten Bereich untersucht: bei Triglyzeridkonzentrationen von 60 bis 7030 mg pro 100 ml, Halbwertszeiten von 1,7 bis 21,2 h, fraktionellen Turnoverraten von 0,033 bis 0,408 h^{-1} und Turnoverraten von 6,3 bis 116 mg kg^{-1} h^{-1}. Mit steigender Triglyzeridkonzentration nimmt die fraktionelle Turnoverrate p signifikant ab, d. h. der in der Zeiteinheit umgesetzte Anteil der Gesamttriglyzeride verringert sich (Abb. 5). Gleichzeitig nimmt die Turnoverrate v, d. h. die in der Zeiteinheit umgesetzte Triglyzeridmasse pro kg Körpergewicht, zu (Tab. 1).

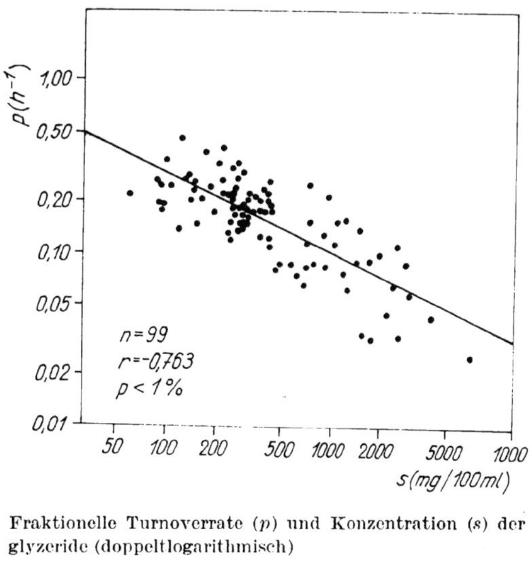

Abb. 5. Fraktionelle Turnoverrate (p) und Konzentration (s) der Triglyzeride (doppeltlogarithmisch)

Tab. 1. Bezeihungen zwischen Triglyzerid-Turnover und -Konzentration

Nr.	x	y	r
1	log s	log p	−0,763
2	log s	log v	0,818
3	s	v	0,667
4	log s	v	0,768
5	$1/s$	$1/v$	0,842
6	s	s/v	0,902

$n = 99$ r = Korrelationskoeffizient

Die beiden doppeltlogarithmischen Regressionsgleichungen in Tab. 1 unterscheiden sich im wesentlichen um den individuellen Faktor b von Gl. (2). Das gleichsinnige Verhalten von Turnoverrate und Konzentration kommt bei linearer Regression relativ schlecht zum Ausdruck (Tab. 1, Nr. 3), da bei sehr hoher Konzentration die Turnoverrate nicht entsprechend erhöht ist. Diese Sättigungscharakteristik wird durch die Regressionsansätze Nr. 4 bis 6 offenbar besser wiedergegeben. Bei den beiden letztgenannten Gleichungen ist der Unterschied des Korrelationskoeffizienten durch Zufallsfehler bedingt, da einmal mehr die hohen, einmal mehr die niedrigen Konzentrationen ins Gewicht fallen. Beiden Gleichungen liegt der Modellansatz [1]

$$v = \frac{v_m s}{k_m + s} \qquad (4)$$

zugrunde. v_m = maximale Turnoverrate, k_m = Konzentration bei halbmaximaler Turnoverrate. Aus den Steigungen und Ordinatenabschnitten haben wir folgende Ergebnisse berechnet:

Nach Nr. 5: $v_m = 67$ mg kg^{-1} h^{-1}, $k_m = 644$ mg/100 ml.

Nach Nr. 6: $v_m = 47$ mg kg^{-1} h^{-1}, $k_m = 767$ mg/100 ml.

4. Diskussion

Erhöhungen der Nüchtern-Triglyzeridkonzentration im Blut sind relativ häufig. So wiesen 3,9% von 1216 Dresdner Werktätigen Triglyzeridwerte über 250 mg/100 ml auf [4]. Diese Frequenz ist fast doppelt so hoch wie die des Diabetes mellitus. Erhöhte Triglyzeridkonzentrationen sind jedoch ein signifikanter Risikofaktor für die Entwicklung degenerativer Herz- und Gefäßerkrankungen und haben daher ein großes Gewicht bei der hauptsächlichen Todesursache in Industrieländern [5]. Für die Therapie ergeben sich unterschiedliche Alternativen, je nachdem, ob eine Überproduktion oder eine Eliminationsstörung der Triglyzeride vorliegt. Dies ist der Grund, warum Messungen der Triglyzerid-Turnoverrate großes Interesse bei der modernen Diagnostik der Fettstoffwechselstörungen erlangt haben.

Die geschilderte Methodik wurde 1965 entwickelt und zunächst auf die triglyzeridreichste Fraktion der Lipoproteine der Dichte unter 1,006 angewendet [1]. Prinzipiell gleiche Ergebnisse wurden später mit den Gesamt-Triglyzeriden des Serums erzielt [3], weshalb auch wir uns dieser Variante zuwandten. Ein experimentelles Problem bestand darin, aus einem möglichst großen Serumvolumen die Triglyzeride in chemisch reiner Form abzutrennen. Dies ist notwendig, da im Mittel nur ein kleiner Teil des injizierten markierten Glyzerols zu Triglyzeriden verestert ist und der größere Teil ($> 80\%$) als freies Glyzerol im Blut zirkuliert. Hierbei bewährte sich die doppelte Extraktion der Triglyzeride mit einem methanolreicheren und einem chloroformreicheren Lösungsmittelgemisch.

Eine andere Besonderheit stellt unsere Beobachtung dar, daß fast regelmäßig die exponentiellen Aktivitäts-Zeit-Kurven bei längerer Beobachtungszeit in einen langsameren Verlauf übergingen. Dies ist auf ein Recycling des Präkursors zurückzuführen und tritt besonders störend auf, wenn markierte Fettsäuren eingesetzt werden [6]. Jedoch ist auch ein Recycling markierten Glyzerols zu erwarten: Der Elimination der Lipoprotein-Triglyzeride aus dem Blut ist teilweise die Abspaltung von Glyzerol vorgelagert, und dieses wird von Fettgewebe und Muskulatur nicht aufgenommen, sondern tritt über die Leber erneut in den untersuchten Kreislauf ein. Dieser Umstand wurde in anderen Untersuchungen nicht immer beachtet, und es wurde lediglich der gerade Anfangsteil der logarithmischen Aktivitätszeitkurve ausgewertet. Dadurch ergeben sich zwangsläufig zu niedrige Werte der fraktionellen Turnoverrate. Die vorliegenden, über 24 Stunden geführten Messungen erlauben keine genaueren Aussagen zum langsamen Teil des Triglyzerid-Turnovers. Insofern erschien die Rechnung mit einer konstanten Endaktivität A_0 entsprechend Gl. (3) als beste Näherung. A_0 wurde so gewählt, daß die Streuung der Meßpunkte um die berechnete Gerade ein Minimum und entsprechend das Bestimmtheitsmaß der Korrelation ein Maximum annahm. Auf diese Weise konnte die Auswertung gegenüber der graphischen Variante objektiviert werden.

In Anbetracht der Heterogenität des untersuchten Patientengutes hinsichtlich Stoffwechselstatus und Körpergewicht sind die hochsignifikanten Beziehungen zwischen Triglyzerid-Turnover und -Konzentration erstaunlich: Mit wachsender Konzentration nimmt die fraktionelle Turnoverrate ab, die Turnoverrate zu. Letztere ist durch einen Sättigungswert limitiert. Die von uns ermittelten Werte von v_m und k_m sind rund doppelt so hoch wie Literaturdaten [3, 7]. Dies ist einmal darin begründet, daß wir den langsamen Teil des Turnovers bei der Auswertung berücksichtigt haben. Zum anderen konnten wir zeigen, daß v_m und k_m mit der Ausdehnung des Triglyzeridbereiches nach oben anwachsen [8]. Messungen des Triglyzerid-Turnovers oberhalb von 1500 mg/100 ml Triglyzeriden sind bisher in der Literatur nicht beschrieben. Offenbar setzt bei $s = 600$ mg pro 100 ml ein Wechsel im Abbaumechanismus der Lipoprotein-Triglyzeride ein [8, 9], der durch die einfache Modellgleichung (4) nicht wiedergegeben wird. Von praktischer Bedeutung sind folgende Aussagen anhand von Abb. 5.: Im Bereich erhöhter Triglyzeridkonzentrationen entsprechen fraktionelle Turnoverraten signifikant oberhalb der Regressionsgeraden erhöhten Produktionsraten bei normalen oder erhöhten Eliminationsraten und Werte signifikant unterhalb der Regressionsgeraden verringerten Eliminationsraten bei normalen oder verringerten Produktionsraten. Auf die Verknüpfung der Triglyzerid-Turnoverrate mit weiteren Stoffwechselparametern sind wir an anderer Stelle [10] eingegangen.

Die Untersuchungen wurden im Rahmen des Projekts Diabetes mellitus und Fettstoffwechselstörungen Karlsburg durchgeführt.

Eingegangen am 14. 9. 1979

Literatur

[1] *G. Reaven, D. Hill, R. Gross, J. Farquhar, E. Brown*, J. clin. Invest. **44** (1965) 1826

[2] *W. Leonhardt, U. Julius, J. Schulze*, Triglyzeridproduktionsrate bei Patienten mit Fettstoffwechselstörungen – Radiochemische Messung und Ergebnisse. Poster, Jahrestag der Ges. f. Klin. Chemie u. Lab.-Diagn., Karl-Marx-Stadt, 20.–22. 4. 1978

[3] *A. Nikkilä, M. Kekki*, Europ. J. clin. Invest. **2** (1972) 231

[4] *M. Hanefeld, W. Leonhardt, H. Haller, W. Moser*, Dtsch. Ges. Wes. **28** (1973) 1585

[5] *H. Haller, M. Hanefeld, W. Leonhardt*, Dtsch. Ges. Wes. **26** (1971) 1721

[6] *J. Farquhar, R. Gross, R. Wagner, G. Reaven*, J. Lipid. Res. **6** (1965) 119

[7] *J. Olefsky, J. Farquhar, G. Reaven*, Europ. J. clin. Invest. **4** (1974) 121

[8] *W. Leonhardt, U. Julius, J. Schulze, H. Haller*, Triglyzerid-Turnoverrate bei Patienten mit normalen und erhöhten Triglyzeridkonzentrationen. 3. Dresdner Lipidsymposium, 14.–16. 5. 1979

[9] *M. Jourdan, S. Margen, R. Bradfield*, Am. J. clin. Nutr. **27** (1974) 850

[10] *U. Julius, W. Leonhardt, J. Schulze, M. Hanefeld, H. Haller*, Wechselbeziehungen der Kenngrößen der Triglyzerid-Kinetik. 3. Dresdner Lipidsymposium, 14.–16. 5. 1979

Aktivierungsanalyse von Kohlenstoff in Silizium mit ^{3}He-Ionen im Vergleich mit Deuteronen

M. L. Böttger, D. Birnstein, W. Helbig

(Akademie der Wissenschaften der DDR, Zentralinstitut für Kernforschung Rossendorf, Bereich KB)[1])

Herrn Prof. Dr.-Ing. habil., Dr. rer. nat. h. c. *Kurt Schwabe* zum 75. Geburtstag gewidmet

Die Aktivierungsanalyse von C in Si mit ^{3}He-Ionen gemäß der Reaktion $^{12}C(^3He, \alpha)^{11}C$ bietet gegenüber der Deuteronenaktivierung mehrere Vorteile, denen einige Nachteile entgegenstehen. Bei gleicher Teilchenenergie ist mit ^{3}He-Teilchen die Empfindlichkeit kleiner, jedoch machen sich Störreaktionen erst bei höheren Energien bemerkbar, und das Aktivitätsverhältnis $^{11}C:^{13}N$ wird mit zunehmender Abklingzeit immer günstiger. Die größere Halbwertszeit des ^{11}C bedingt auch eine bessere Handhabung bei der chemischen Aufarbeitung, wobei außerdem die Messung bei Normaltemperatur erfolgen kann. Andererseits sind die erforderlichen Bestrahlungs- und Meßzeiten länger. Hauptnachteile des Verfahrens sind die geringe zeitliche Verfügbarkeit des Zyklotrons als ^{3}He-Beschleuniger und die Schwierigkeit, einen optimalen Teilchenstrom von 0,3 ... 0,6 µA cm^{-2} zu erreichen. Die Nachweisgrenze liegt bei $1 \cdot 10^{14}$ Atcm^{-3} mit ^{3}He-Ionen, bei $3 \cdot 10^{14}$ Atcm^{-3} mit Deuteronen.

(B11) INIS DESCRIPTORS:

alpha particles; carbon 11; carbon 12 targets; charged-particle activation analysis; comparative evaluations; deuteron reactions; feasibility studies; helium 3 reactions; impurities; MeV range 10—100; neutrons; nitrogen 13; sensitivity; silicon

Einleitung

Die Aktivierung von Halbleitersilizium mit Deuteronen gemäß $^{12}C(d, n)^{13}N$ erwies sich als Analysenverfahren sehr niedriger Nachweisgrenze zur Kohlenstoffbestimmung [1]. Nach einer Bestrahlung von 20′ mit Deuteronen der Energie E_d = 10,65 MeV wurden die Si-Scheiben geätzt und in einer Heißextraktionsapparatur im He-Trägergasstrom aufgeschlossen. Die Aktivität des nach mehreren Reinigungsschritten als Molsieb-Adsorbat bei 77 K vorliegenden reinen Meßnuklides wurde in einer Koinzidenzmeßapparatur bestimmt [2]. Gegenstand weiterer Untersuchungen war, inwieweit die aktivierungsanalytische C-Bestimmung mit ^{3}He-Ionen gemäß $^{12}C(^3He, \alpha)^{11}C$ [3] Vor- und Nachteile gegenüber der Deuteronenaktivierung hat bzw. diese zu ergänzen vermag.

Optimale Bestrahlungsenergie, Störreaktionen

Die günstigste Teilchenenergie ergibt sich aus bekannten Anregungsfunktionen [4—7] unter Berücksichtigung energieabhängiger Störungen durch Nebenreaktionen. Bei der d-Aktivierung treten folgende Nebenreaktionen auf:

$$^{14}N(d, t)^{13}N \qquad E_s = 4{,}9 \text{ MeV}$$
$$^{14}N(d, dn)^{13}N \qquad E_s = 12{,}0 \text{ MeV}$$
$$^{16}O(d, \alpha n)^{13}N \qquad E_s = 8{,}4 \text{ MeV}$$

Der Gehalt an O und N, der die gleiche Aktivität wie der gesuchte Kohlenstoff erzeugt, beträgt nach [8] (Tab. 1).

Bei E_d = 12 MeV täuscht ein Sauerstoffgehalt von 1 ppm 5 ppb Kohlenstoff vor, bei 15 MeV sind es bereits 40 ppb und bei 20 MeV 0,25 ppm. Für die von uns gewählte optimale Teilchenenergie E_d = 10,65 MeV, die durch Verringerung der Grenzenergie des Rossendorfer Zyklotrons mit 19 µm Cu- und 50 µm Ta-Folie erreicht wird, extrapoliert sich aus [8] ein Faktor 10³, d. h., 1 ppm 0 täuscht 1 ppm C vor. Im Falle der ^{3}He-Aktivierung zeigen die aus der Literatur bekannten, differierenden Anregungsfunktionen [9—12] sämtlich zwischen 8 ... 10 MeV Maxima (Abb. 1). Von 31 MeV wird mittels 39 µm Cu + 80 µm Ta auf den, bezüglich einer günstigen Nachweisgrenze und minimaler Störaktivitäten optimalen Wert 15 MeV gebremst.

Tab. 1. Aktivitätsverhältnisse $^{11}C_C:^{11}C_N:^{11}C_O$, d-Aktivierung ,nach *Engelmann* [8]

Energie	C	N	O
12 MeV	1	20	200
15 MeV	1	15	25
20 MeV	1	6,8	4

Die Größe der Sauerstoffkonzentration, durch die gemäß $^{16}O(^3He, 2\alpha)^{11}C$ eine Konzentrationseinheit C vorgetäuscht wird, wurde von verschiedenen Autoren berechnet (Tab. 2). Bei 15 MeV wird demnach die gleiche Aktivität wie durch 10 ... 35 ppb erzeugt.

Bei gefloatetem Material (≦ 0,2 ppm O) könnte so im ungünstigsten Fall die maximale Störaktivität 7 ppb C, bei einem *Czochralski*-Material (5 ... 20 ppm O) 0,7 ppm C vortäuschen.

Die Konzentration an Bor ist zwar gewöhnlich geringer, stört aber stärker, entsprechend den Reaktionen

$$^{8}B(^3He, p)^{11}C \quad \text{und} \quad ^{10}B(^3He, d)^{11}C\,.$$

Das Verhältnis $^{11}C_C:^{11}C_B$ beträgt bei 9 MeV 5,3; bei 18 MeV nur 3 [13], nach [8] bei 15 MeV sogar nur 2, d. h., durch z. B. 20 ppb B in Cz-Si wird ein C-Gehalt von 10 ppb Kohlenstoff vorgetäuscht. Zur Kohlenstoffbestimmung mit ^{3}He-Teilchen ist also die Kenntnis der O-und B-Konzentration

[1]) Anschrift: 8051 Dresden, PF 19

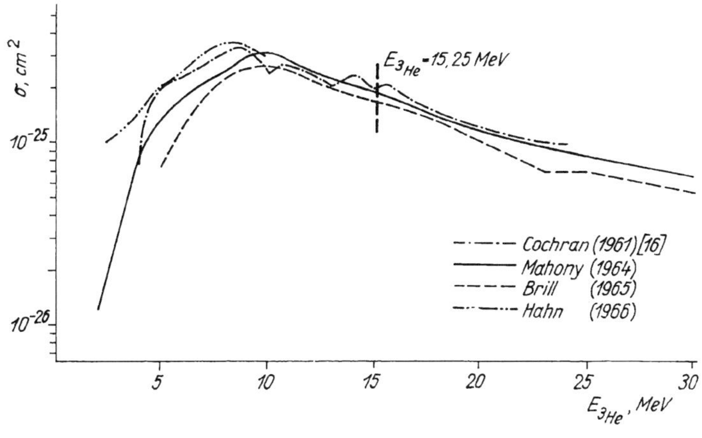

Abb. 1. Anregungsfunktionen der $^{12}C(^3He, \alpha)^{11}C$-Reaktion

Tab. 2. Aktivitätsverhältnisse $^{11}C_C:^{11}C_O$ bei ^3He-Aktivierung

Energie MeV	Aktivitätsverhältnis $^{11}C_C:^{11}C_O$ naah *Schweikert* [13]	*Nozaki* [3]	*Engelmann* [8]
12	1000		
13	180		
15	30	50	100
18	10	23	
20	7	7	17
22		5,5	

erforderlich, obgleich Störreaktionen sich erst bei relativ höheren Energien bemerkbar machen.

Zugunsten der ^3He-Aktivierung spricht, daß das Aktivitätsverhältnis $^{11}C:^{13}N$ wegen der längeren Halbwertszeit (20,3′ statt 10′) mit zunehmender Abklingzeit immer günstiger wird. Durch die längere Halbwertszeit ist auch eine bessere Handhabung bei der Abtrennung der beträchtlichen ^{13}N- und ^{31}P-Aktivitäten gegeben, wobei diese außerdem bei Normaltemperatur durch Adsorption des $^{11}CO_2$ an Natronasbest vonstatten geht. Hingegen sind die erforderlichen Bestrahlungs- und Meßzeiten länger (30′ statt 20′).

Empfindlichkeit, Ätzkorrektur

Durch Umstellung der Aktivierungsgleichung erhält man das Integral

$$\int_0^D (E_D)\, dD = \frac{S_{Max}}{I_d \cdot N_A},$$

das graphisch bestimmt wird. Dabei ist S_{Max}, die Zahl der pro cm² und s erzeugten ^{13}N-Nuklide, (E_D) die zwischen der Probenoberfläche und der Aktivierungstiefe D integrierte Anregungsfunktion, $I_d [cm^{-2} s^{-1})]$ die Flußdichte und N_A $[cm^{-3}]$ die Zahl der ^{12}C-Atome cm^{-3} in der Probe. Das Integral ist unter gleichen Bestrahlungs- und Abklingbedingungen (t_B, I_d), aber unterschiedlichen Anfangsenergien E_d und Teilchen (d, ^3He) zur Abschätzung relativer Empfindlichkeiten geeignet (Tab. 3). In Tab. 1 sind die Empfindlichkeiten der Deuteronenaktivierung bei 10,65 MeV und der ^3He-Aktivierung bei 15,25 MeV mit Werten von [13] verglichen. Das ungünstigere Verhältnis der ^3He-Aktivierung zur Deuteronenaktivierung kann zum Teil mit der Auswahl der Anregungsfunktionen erklärt werden. Unter Zugrundelegung der $^{12}C(^3He, \alpha)^{11}C$-Anregungsfunktion von [12] statt der von [9] und von [10] wäre die Fläche unter der Kurve 30% kleiner, was zu einer entsprechenden Änderung der relativen Empfindlichkeit auf $\sim$ 0,4 gegenüber der d-Aktivierung bei 10,65 MeV führen würde. Aus Aktivierungskurven von [8] errechnet sich sogar nur eine 23%ige Empfindlichkeit der ^3He-Aktivierung.

Aus den Anregungsfunktionen wurden die Wirkungsquerschnitte in Abhängigkeit von der Absorptionsschichtdicke berechnet und daraus die Ätzkorrekturen ermittelt.

Für die $^{12}C(d, n)^{13}N$-Reaktion scheint die über 3 MeV linear extrapolierte Funktion von [4] im unteren Energiebereich den realen Verhältnissen am ehesten zu entsprechen, da die Kurven von [5] und [6] eine wesentlich höhere Schwelle als 0,3 MeV voraussetzen würden. Zwischen 1 und 4 MeV ist die Funktion von [7] mit ihren detaillierten Maxima- und Minimabestimmungen zweifellos die genaueste. Bei Verwendung der $\sigma(E)$-Werte von [6] statt von [5] bei höheren Energien ergäben sich etwas geringere Ätzkorrekturen, ein Unterschied ohne praktische Bedeutung (Abb. 2).

Tab. 3. Relative Empfindlichkeiten

E_{Max}	Teilchen	Eindringtiefe µm	Aktivierungstiefe µm	$\int (E)\, dD$ cm³	Empfindlichkeit relativ	Empfindlichkeiten rel. nach [13]
10,65	d	479,5	475,6	5,54(−27)	1	1
15,25	^3He	168	168	3,52(−27)	0,64	0,29

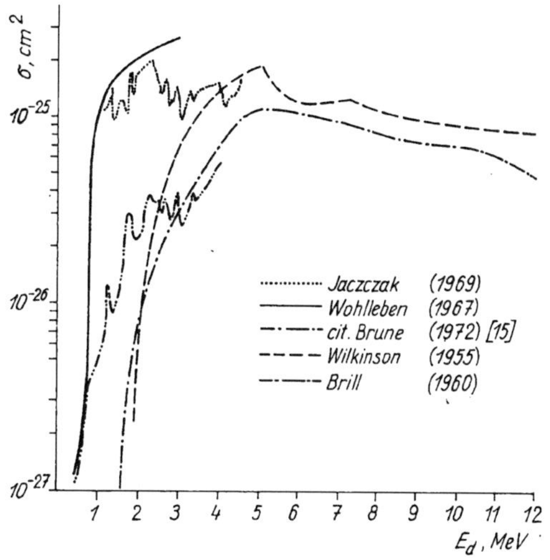

Abb. 2. Anregungsfunktionen der $^{12}C(d, n)^{13}N$-Reaktion

Der Ätzfaktor beträgt bei 10 μm Abtrag $f_{\text{ätz}} = 1{,}017$, bei 20 μm 1,034, bei 30 μm 1,052, d. h. also aufgrund der großen Aktivierungstiefe von 476 μm lediglich 2–5% der Gesamtaktivität. Durch die relativ geringe Aktivierungstiefe der ^{3}He-Teilchen (168 μm bei 15,25 MeV) sind die Ätzraten dagegen verhältnismäßig hoch (5% bei einem Abtrag von 10 μm; 11% bei 20 μm und 21% bei 30 μm) – die Zuverlässigkeit der Analysenwerte dementsprechend geringer –, variieren aber nicht wesentlich bei Zugrundelegung der untereinander abweichenden Anregungsfunktionen.

Wir wählten die Funktion von [10, 11] und verglichen mit Ätzraten, die sich auf der Basis der Funktionen von [9] (von 2,5 ... 9,5 MeV) und [12] (von 10 ... 15,25 MeV) sowie von [12] allein errechnen.

Bei dieser Kombination ergeben sich relativ niedrige Korrekturen. Die Differenzen zur Funktion nach [10, 11] betragen jedoch bei 10 μm 1%, bei 30 μm lediglich 4%.

Hauptnachteile der ^{3}He-Aktivierung sind die technisch bedingte zeitlich geringe Nutzungsmöglichkeit des zur Verfügung stehenden Zyklotrons als ^{3}He-Beschleuniger und die Schwierigkeit, einen Teilchenstrom in der optimalen Höhe von 0,3–0,6 μA cm^{-2} zu erreichen.

Meßergebnisse

Die C-Gehalte einer Reihe von Proben unterschiedlicher Stäbe wurden teils mit d-, teils mit ^{3}He-Aktivierung bestimmt. Die Werte ergaben – unabhängig von der Bestimmungsmethode – über der Position der Scheibe im Stab aufgetragen, einen kohärenten Kurvenzug. Konzentrationsunterschiede dürften positionsabhängig sein, zumal das Verunreinigungsprofil vom Kopf bis Ende des Kristalls geringer wird (Abb. 3).

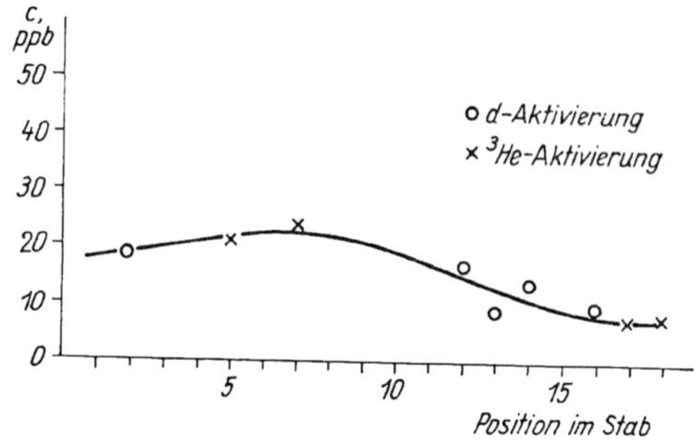

Abb. 3. Mit d- und ^{3}He-Aktivierung bestimmte C-Gehalte in Abhängigkeit von der Position in einem zonengefloateten Si-Stab

Für die Nachweisgrenze („detection limit" nach *Currie* [14]) errechnet sich unter praktischen Bedingungen – Nulleffekt NE = 1,3 Ipm, Abkling- und Meßzeit je 30′ und Meßeffektivität $\varepsilon = 4 \cdot 10^3$ Ipm/ppm – eine NWG ~ 1 ppb (~ $1 \cdot 10^{14}$At cm^{-3}), während diese bei der Deuteronenaktivierung unter vergleichbaren Bedingungen ~ 3 ppb (~ $3 \cdot 10^{14}$ At cm^{-3}) beträgt.

Die Ergebnisse zeigen, daß die aktivierungsanalytische Kohlenstoffbestimmung mit ^{3}He-Ionen der mit Deuteronen gleichwertig, unter den gegebenen Bedingungen überlegen ist.

Eingegangen am 31. 10. 1979

Literatur

[1] *M. L. Böttger, D. Birnstein, W. Helbig, S. Niese,* J. Radioanalyt. Chem. (in Vorber.)
[2] *M. L. Böttger, W. Helbig, S. Niese,* Isotopenpraxis **11** (1975) 127
[3] *T. Nozaki, Y. Yatsurugi, N. Akiyama,* J. Radioanalyt. Chem. **4** (1970) 87
[4] *K. Wohlleben, E. Schuster,* Radiochim. Acta 8 (1967) 78
[5] *D. H. Wilkinson,* Phys. Rev. **100** (1955) 32
[6] *O. D. Brill, L. V. Sumin,* At. Energ. **7** (1959) 377
[7] *R. J. Jaszczak, R. L. Macklin, J. H. Gibbons,* Phys. Rev. **181** (1969) 1428
[8] *C. Engelmann,* J. Radioanal. Chem. **7** (1971) 281
[9] *R. L. Hahn, E. Ricci,* Phys. Rev. **146** (1966) 650
[10] *J. D. Mahony,* UCRL 11780 (1965)
[11] *S. S. Markowitz, J. D. Mahony,* IAEA-Conf. on Rad. Methods of Analysis, Salzburg 1964, SM-55/46
[12] *O. D. Brill,* Jad. fiz. **1** (1965) 55
[13] *E. A. Schweikert,* ORO-3922-2, 1971
[14] *L. A. Currie,* Anal. Chem. **40** (1968) 586
[15] *J. Lorenzen, D. Brune,* Technical Reports Series No. 156, Handbook on Nucl. Activation Cross Section, IAEA Wien 1974
[16] *D. R. F. Cochran, J. D. Knight,* Phys. Rev. **128** (1961) 1281

Some Experiences in Constructing the Photoefficiency Function of Ge-Gammadetectors for Radioanalytical Purposes

W. Görner

(Academy of Sciences of the G.D.R. Central Institute for Nuclaer Research, Rossendorf)[1])

P. Nikolow

(Aspirant of the Institute for Nuclear Research and Nuclear Energy of the Bulgarian Academy of Sciences)[2])

Herrn Prof. Dr.-Ing. habil. Dr. h. c. mult. *Kurt Schwabe* zum 75. Geburtstag gewidmet

The photoefficiency of Ge(Li)-detectors as function of γ-energy and sample-detector-distance is well described by a semi-empirical function with no more than two free parameters. Its two branches are connected at 180 keV. The low-energy behaviour can be reflected in terms of only the photoeffect, whereas for $E_\gamma > 180$ keV the known exponential 1st-order-approximation E_γ^{-s} proved suitable. The given representation of the geometry factor is also consistent for "thick" detectors. The application of the proposed function provides a rapid and complete efficiency calibration of new detectors after few orienting measurements.

(E41) INIS DESCRIPTORS:

calibration; distance; efficiency; energy dependence; gamma detection; keV range 10–100; keV range 100–1000; Li-drifted Ge detectors; penetration depth; photoelectric effect; response functions

1. Introduction

In activation analysis, activity supervision andthe application of gamma-emitting isotopes a good knowledge of the photoefficiency ε_{ph} of the used detector is a valuable tool or sometimes indispensable for quantitative work. Keeping in mind, that the photoefficiency depends besides the quantum energy E on the complete source-absorber-detector-arrangement, the usually considered case is that of a point source located at some distance x from the front face of the cylindrical detector in its axis of symmetry. (A liberal use of the term "point source" understands, that the space angle Ω_s of the source as seen from the detector is small, compared with that Ω of the detector as seen by the source). Thus, the intercomparison of innumerable "geometries" is avoided.

The remaining variety of ε_{ph} can either be compiled as a two-dimensional array of experimental values ε_{ij} for sets of energies E_i and distances x_j or may be expressed by a function $\varepsilon_{ph}(E, x)$. Corresponding descriptive approaches are the discrete results of *Monte-Carlo*-studies or functions with free parameters to be fitted [7] or semi-empirical functions, respectively. The analyst has to count activities under varying conditions (different detector-sample-distances, sample shapes, γ-energies, detectors) and in practice he must follow a reasonable compromise between the precision to be obtained and the effort devoted to the efficiency calibration. Therefore we decided to use a physically based model (see also [1]) for the construction of the photoefficiency function, although according to [2, 3, 7] 8-parameter-functions give better precision. The limits of validity were observed by investigating 3 detectors of the modified coaxial type (see fig. 1). Moreover a main objective of this work was to find out, wether it would be possible to replace extended efficiency calibration measurements by a combination of some orienting experiments and the consecutive construction of $\varepsilon_{ph}(E, x)$. This procedure was checked with an 80 cm³-Ge(Li)-detector to be calibrated.

Anschriften: 1) DDR-8051 Dresden, P.O.B. 19
2) Bulgaria, Sofia 13, Boulevard Lenin 72

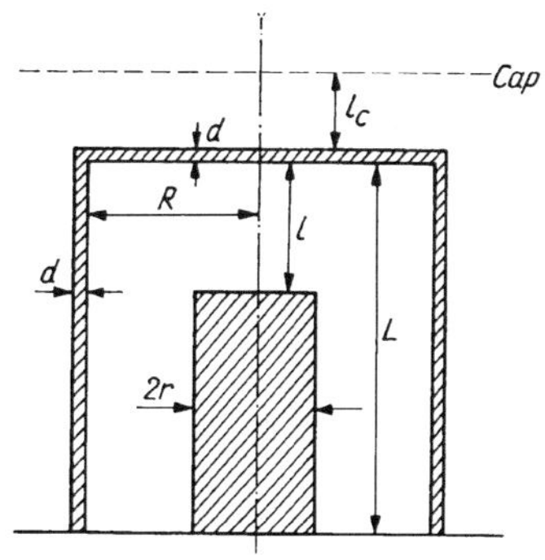

Fig. 1. Cross section of the investigated detectors (see also tab. 1)

2. The used model

It is a compromise between the complexity of the corresponding ε_{ph}-function and its correctness (see fig. 2).

a) Two geometrical dimensions (source-detector-distance x, polar angle ϑ or relative space angle $\omega = \frac{\Omega}{2\pi}$) [1, 4].

b) An energy-dependent distance Δ between the virtual circular layer, in which the detection capability may be considered concentrated and the front face of the active volume (see [2, 4, 5].

c) The functional behaviour of the intrinsic efficiency is derived from the one-dimensional version of the model in fig. 2 [1, 4], whereby

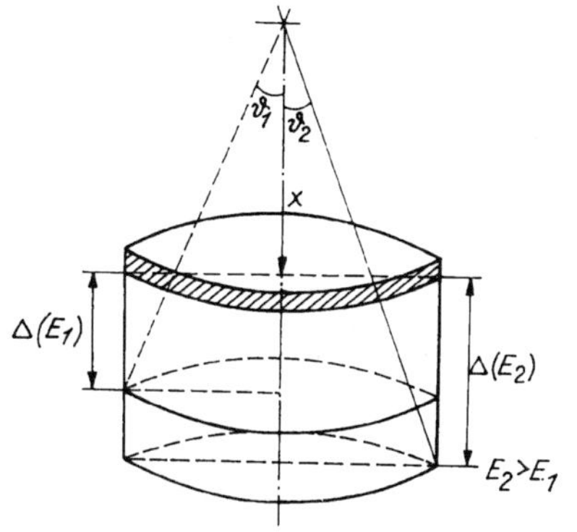

Fig. 2. The used model

d) the increase of the effective thickness of the dead layer with decreasing source distance x is taken into consideration (see also [4]).

The following simplifications were made:

a) The dependence $A = A(\omega)$ is arbitrarily neglected but a posteriori accounted for by a correction factor $F(\omega)$.

b) The dead layer thickness is assumed constant, although it may increase somewhat near the edge of the detector face.

For large distances x the photoefficiency function is a product of the energy dependent intrinsic efficiency and the geometry factor

$$\varepsilon_{ph} = I_{ph}(E_\gamma)\, g(x) \tag{1a}$$

At smaller x the diagonal incidence of the radiation modifies I_{ph} correspondingly to ω. On the other hand the detector geometry g as seen by the source becomes dependent from the radiation penetrability ($\rightarrow E_\gamma$). So, in general with $y = E_\gamma/(100\ \text{keV})$

$$\varepsilon_{ph} = I_{ph}(y, x) \cdot g(x, y) \tag{1b}$$

is valid, the dominant variable leading in each factor.

The intrinsic photoefficiency I_{ph} is described here by two branches $I_{low}(E_\gamma < 180\ \text{keV})$ and $I_{high}(E_\gamma > 180\ \text{keV})$. Beforehand vertical incidence of the radiation is considered. Although the contribution of the *Compton* scattering in Ge seems to be negligible below 100 keV only, the energy dependence of I_{low} is expressed here in terms of the photeffect cross section. This is in contrast with e.g. [1, 2, 4]. But in order to account for imperfect energy transfer from photons (*Compton* scattering, X-ray escape, charge recombination, electron leakage) a free coefficient C is used. As our investigated γ-detectors had Ge-dead layer thicknesses not below 500 microns typical low-energy features due to gold layer, X-ray fluorescence, absorption edges (see [2]) are not considered here.

With $e^{-\sigma_{ph}(y=1)\cdot d} = e^{-a}$ and $\sigma_{ph} \sim y^{-3}$ the intrinsic photoefficiency becomes

$$I_{low} = C \cdot e^{-ay^{-3}}(1 - e^{-n \cdot a \cdot y^{-3}}) \tag{2}$$

with the maximum at

$$y_0 = \left[\frac{n \cdot a}{\ln (n+1)}\right]^{1/3} \tag{3}$$

Putting eq. (3) into eq. (2) delivers

$$I_{low}(y_0) = C\, \frac{n}{n+1}\, \frac{1}{(1+n)^{1/n}}$$

with

$$\lim_{n \to \infty} I_{low}(y_0)/C = 1 \tag{4}$$

It is remarkable, that $I_{low}(y_0)$ does not depend directly from the window thickness.

When the formula for the absolute photoefficiency is built up, the influence of diagonal incidence of the radiation on the mean absorption effect by the dead layer has to be regarded. According to fig. 3 the absorption factor is $e^{-a/\cos\vartheta}$. This function must be integrated over the space angle of the detector as seen by the source. The comparison with e^{-a} (normal incidence) delivers a factor K decribing the absorption increase.

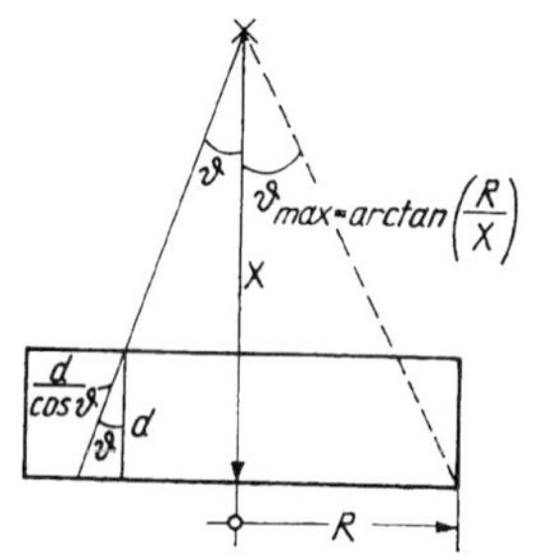

Fig. 3. Absorption enhancement at good geometrics

With $d\omega = \dfrac{d\Omega}{2\pi} = \sin\vartheta\, d\vartheta$

$$K = \int_0^{\arctan(R/x)} e^{-a/\cos\vartheta} \sin\vartheta\, d\vartheta \Big/ \left(e^{-a} \int_0^{\arctan(R/x)} \sin\vartheta\, d\vartheta\right) \tag{5}$$

The substitutions $r = \cos\vartheta$ and (applied to the numerator of eq. (5) only) $z = 1/r$ lead to

$$K = \int_1^Q \frac{e^{-az}}{z^2}\, dz \Bigg/ \left(e^{-a} \int_{Q^{-1}}^1 dr\right) \tag{5a}$$

with $Q = [\cos \arctan (R/x)]^{-1} = \sqrt{1 + \left(\dfrac{R}{x}\right)^2} = \dfrac{1}{1-\omega}$

A partial integration of the numerator delivers the integral exponential function, so that

$$K = \frac{\left[-\dfrac{e^{-az}}{z} - a\left(\ln z + \sum\limits_{n=1}^{\infty} \dfrac{(-az)^n}{n \cdot n!}\right)\right]_{z=1}^{z=Q}}{e^{-a}(1 - Q^{-1})} \tag{6}$$

In order to avoid the series of functions in eq. (6) the approximation

$$k \cdot a = a' = \frac{\int_0^{\arctan(R/x)} \dfrac{a}{\cos\vartheta} \sin\vartheta\, d\vartheta}{\int_0^{\arctan(R/x)} \sin\vartheta\, d\vartheta} = \frac{\ln \dfrac{1}{1-\omega}}{\omega}\, a$$

and

$$K' = e^{-(a'-a)} \tag{7}$$

was tested.

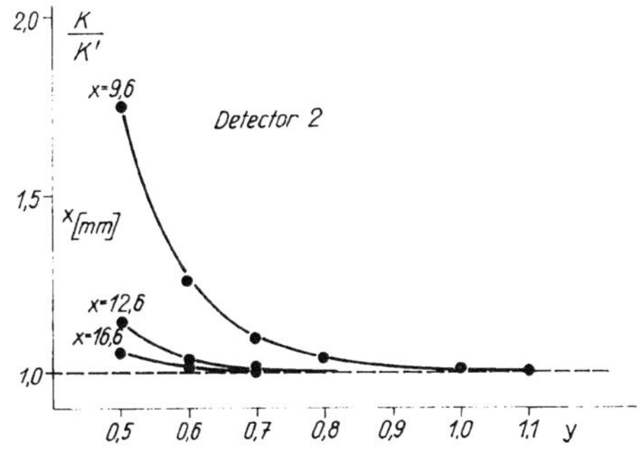

Fig. 4a. K/K' in dependence from E_γ for det. 2

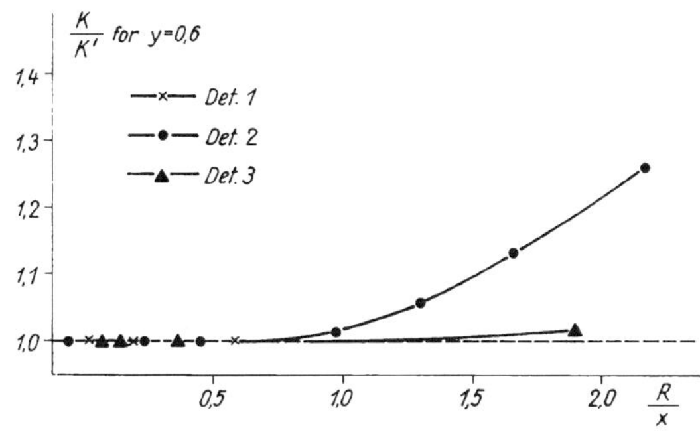

Fig. 4b. K/K' for $E_\gamma = 60$ keV as function of the ratio active volume radius-to-sample distance

K/K' is drawn in fig. 4 showing, that eq. (7) can be applied in most cases ($E_\gamma > 80$ keV or $R/x < 1$).

Because of simplicity the 1st aorder approximation

$$I_{\text{high}} = I_0 y^{-s} \tag{8}$$

describes here the intrinsic photoefficiency above 180 keV. The slope s diminishes with increasing active volume. The coupling of I_{low} and I_{high} at about 180 keV is dealt with below.

The source-detector-geometry (see fig. 3) is pointed out by the space angle fraction

$$\omega = \frac{1}{2\pi}\left(1 - \frac{1}{\sqrt{1 + \left(\frac{R}{x}\right)^2}}\right) \xrightarrow{R \ll x} \frac{R^2}{4x^2} \tag{9}$$

under which the sample "sees" the cylindrical detector. But according to experience, in positions neighbouring the detector the photoefficiency of low E_γ is relatively enhanced in comparison with that of high E_γ, although the dead layer "thickening" should evoke the opposite trend. This behaviour implies the assumption, that the effective source-detector-distance grows with increasing energy. Therefore the detector is substituted by a virtual circular layer, located at a distance $\Delta(y)$ afar from the face of the active volume. Its radius R is the geometrical radius of the germanium crystal minus the thickness of the dead layer. Then, the geometry factor becomes

$$\omega = \left(1 - \frac{1}{\sqrt{1 + \left(\frac{R}{x + \Delta(y)}\right)^2}}\right) \tag{10}$$

Striktly speaking, Δ may be a function of both energy and distance. But the use of Δ as a free parameter to fit the empirical function to the experimental data would simply replace the array $\varepsilon_{ph}(y_i, x_j)$ by $\Delta(y_i, x_j)$. It may be assumed, that $\Delta(y)$ is the mean free path of the photons in the active volume. For normal incidence one gets

$$\Delta(y) = \frac{\int_0^{\bar l} l\, e^{-\mu l}\, dl}{\int_0^{\bar l} e^{-\mu l}\, dl} = \frac{1}{\mu} - \bar l \frac{e^{-\mu \bar l}}{1 - e^{-\mu \bar l}} \tag{11}$$

with $\mu(y) = \mu_{\text{photo}} + \mu_{\text{Compton}}$ and $\bar l = \frac{r_0^2 l_0 + (R^2 - r_0^2)\, l_1}{R^2}$

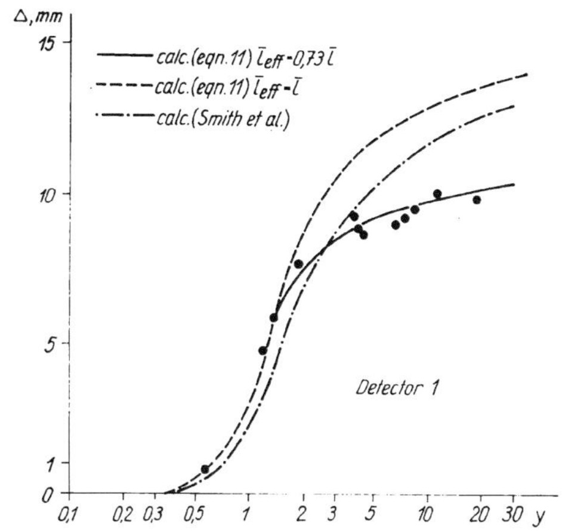

5a

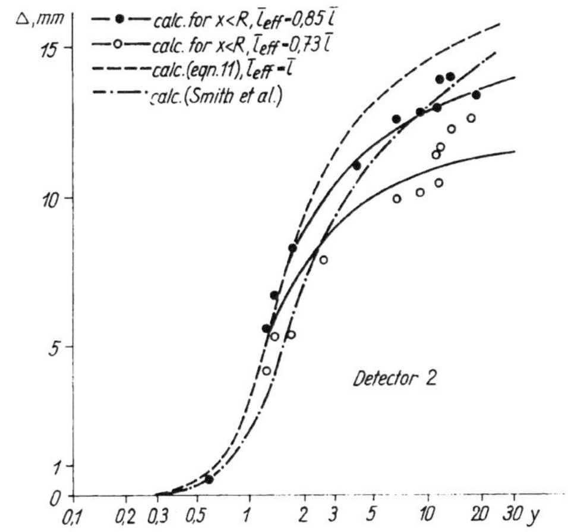

5b

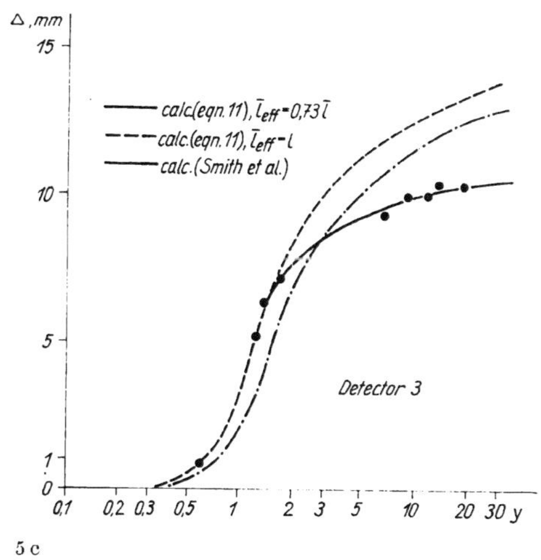

5c

Fig. 5. Distance Δ of the effective detection layer from the front face of the active volume

a) detector 1; b) detector 2; c) detector 3

Experimental values Δ_i were calculated by setting $\varepsilon_j(y_i)/\varepsilon_0 = \omega_j/\omega_0$, where the index 0 represents a standard position. In fig. 5 they are drawn together with curves of eq. (11) and of a formula given by *Smith* [4]. The systematic discrepancy between them and eq. (11) seems to be due to nonnormal incidence. This assumption is also supported by the slight decrease of the Δ_j with diminishing x and regarded in eq. (11) by replacing $\bar{l}$ through

$$\bar{l}_{\text{eff}} = p\bar{l} \qquad (\text{with } p < 1) \tag{11a}$$

(for good geometries: $p \approx 0.7$)

We found no satisfying explanation for the negative Δ's of det. 2 at small x and y, where the dead layer profile may lead to systematic deviations.

All "finite-detector-size effects" are covered by a correction factor $F(\omega)$.

The photoefficiency now becomes for not too extreme conditions

$$\begin{aligned} \varepsilon_{\text{ph}_{\text{low}}} &= C_{\text{low}}\, e^{-\frac{\ln\frac{1}{1-\omega}}{\omega} a y^{-3}} (1 - e^{-nay^{-3}})\, F(\omega)\, \omega && y < 1.8 \\ & && \text{for} \\ \varepsilon_{\text{ph}_{\text{high}}} &= C_{\text{high}} y^{-s} F(\omega)\, \omega && y > 1.8 \end{aligned} \tag{12}$$

We took the same empiric

$$F(\omega) = 1 + 0{,}32\, \omega \frac{\omega - 0.5}{\omega + 0.025} \tag{13}$$

for the three investigated detectors. Its curve shape resembles even that for large NaI-detectors, which we recalculated from values of *Green* and *Finn* [6].

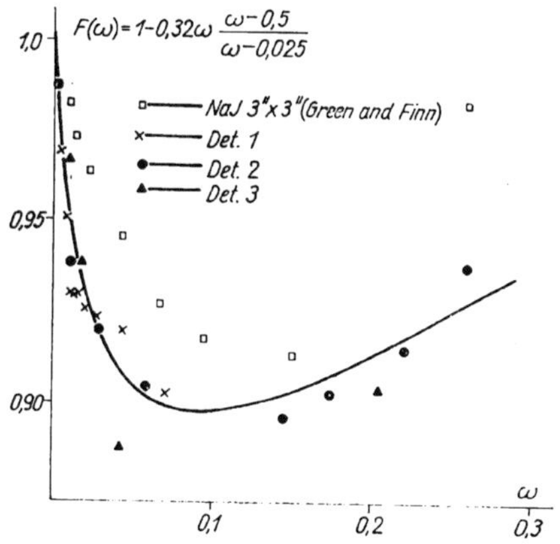

Fig. 6. Correction of the geometry factor

$\varepsilon_{\text{ph}_{\text{low}}}$ and $\varepsilon_{\text{ph}_{\text{high}}}$ are matched to each other at $y = y_m$ by fulfilling the continuity condition $\varepsilon'_{\text{ph}_{\text{low}}}(y_m) = \varepsilon'_{\text{ph}_{\text{high}}}(y_m)$:

$$(1 - e^{-na\, y_m^{-3}})\,(3\,ka\, y_m^{-3} + s) - 3na\, y_m^{-3} e^{-na\, y_m^{-3}} = 0 \tag{14}$$

The y_m move slightly larger with rising x (e.g. det. 1: 179 → 180 keV, det. 2: 182 → 186 keV, det. 3: 180 → 181 keV). This shift and the value of k are not of great practical importance, and the both branches are generally matched at 180 keV. Insofar (with k set to unity)

$$C_{\text{low}} \approx C_{\text{high}} \frac{e^{(0.172a - 0.587s)}}{1 - e^{-0.172na}} \tag{15}$$

is valid.

3. Results and discussion

The parameters of tab. 1 as well as the data and curves of fig. 7 were obtained. The determination of C_{low} by eq. (15) underestimates somewhat the low energy efficiency data. Further attempts using very precise low energy data and a more symmetric formula than eq. (15) ought to overcome this drawback. Following [9 and 10] the exponent s in $\varepsilon_{\text{ph}_{\text{high}}}$ falls with rising active volume according to a definite function. Although our values of s support this trend (which exists without doubt), they show that it is difficult to calculate the exponent from the active volume the accuracy needed. Our detector 3 is a regenerated one and possesses a relatively thick inner dead zone. So it has a higher value of s than detector 1 with the same active volume.

Sometimes the relation

$$\varepsilon_{\text{ph}_{\text{high}}} = p(x)\, y^{-q} \tag{16}$$

is used. A comparison of eqs. (12) and (16) shows, that q rises slightly with decreasing x (det. 1: $q = 1.27 \to 1.31$, det. 2: $q = 1.11 \to 1.24$, det 3: $q = 1.41 \to 1.49$).

C_{low} is about 0,3 and depends not very much from the active volume and the window thickness.

The deviations of the experimental results from eq. (12) are performed in fig. 8. In general, they are acceptable. Some limitation is, that the (not precisely known) dead layer profile (see [2]) was not regarded. So efficiency curve deformations can occur at low energies (< 80 keV) and at relatively large $\omega(> 0{,}2)$.

The use of $F(\omega)$ in $\varepsilon_{\text{ph}_{\text{low}}}$ — to avoid connection problems between $\varepsilon_{\text{ph}_{\text{low}}}$ and $\varepsilon_{\text{ph}_{\text{high}}}$ — may provoke doubts. In fact, $F(\omega)$ is believed to be closer to unity for small energies (< 300 keV) than the curve in fig. 6. This transition be-

Tab. 1. Parameters of the investigated detectors (* = certificate, values obtained prior to detector mounting [11], ** = experimental)

det. no.	drift depth	active volume V		dead layer thickness d		cap-crystal distance l_c		radius R of act. vol.	radius r of inner dead zone	length L of act. vol.	l	$\bar{l}$	$n = \bar{l}/d$	$a = d\mu_{\text{photo}}$
	mm	cm³		mm		mm		mm	mm	mm	mm	mm		
	*	*	**	*	**	*	**							**
1	11·0	18·0	14·6	0·5	1·58	10	11·5	12·4	3·0	31·4	9·4	30·1	19·9	0·379
2	16·0	55·0	46·5	0·5	1·72	5	5·4	20·5	6·5	37·3	14·3	35·1	21·7	0·412
3	9·0	16·0	14·8	0·5	0·50	3	5·0	12·5	4·0	32·6	8·5	29·7	64·2	0·120
4	18·0	78·0	61·3	1·0	2·00	12	20·0	20·5	4·5	48·0	16·0	46·5	24·0	0·480

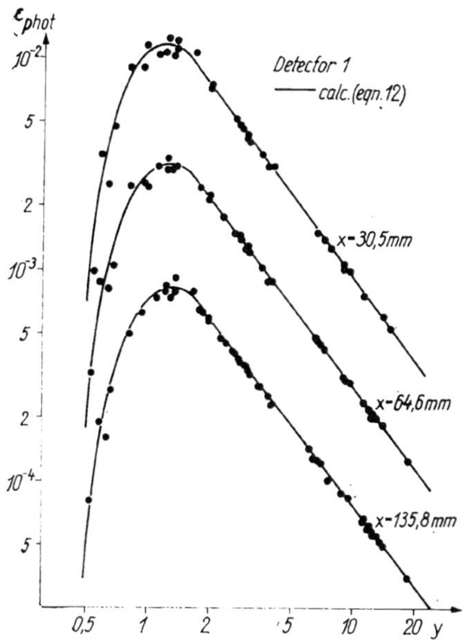

7 a

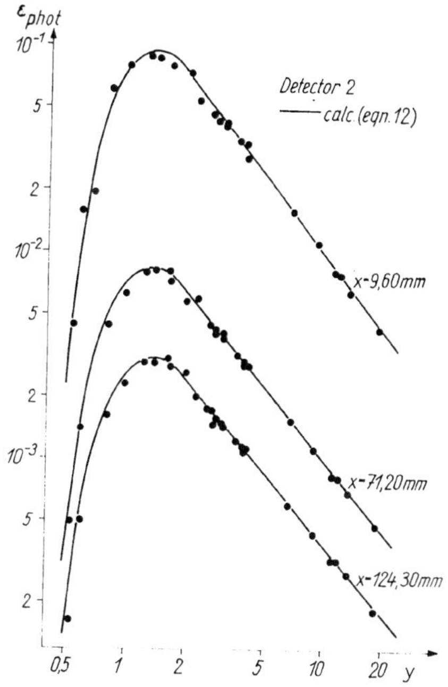

7 b

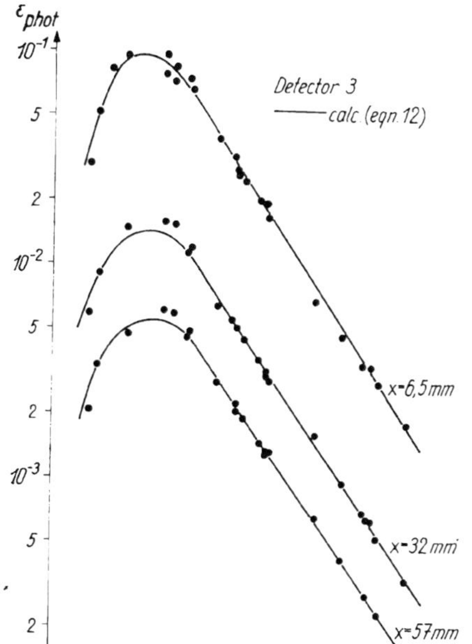

7 c

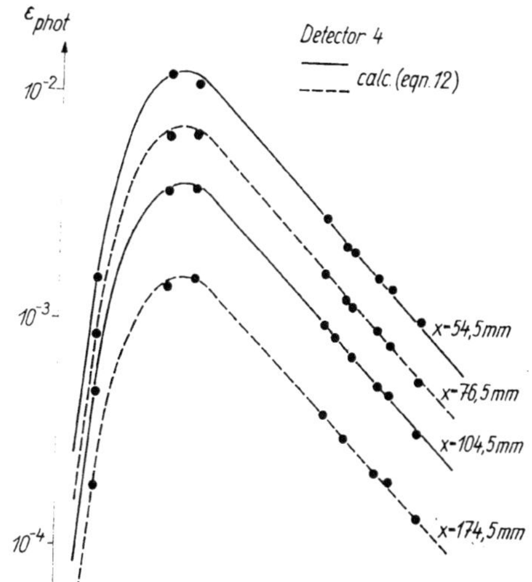

7 d

Fig. 7. Experimental values and empirical curves $\varepsilon_{ph}(y, x_i)$ of the photoefficiency

a) detector 1; b) detector 2; c) detector 3; d) detector 4

haviour of $F(\omega)$ may cause the flat bow above the y^{-s}-line in the 250 keV-region, which is occasionally observed. If there would be a correlation to the minimum of $F(\omega)$, the bow ought to be preferably noticed for positions with $0.04 < \omega < 0.25$.

The results of investigating an 80 cm³-detector are included into fig. 7. The broken lines for the distances $x = 76.5$ mm and $x = 174.5$ mm obtained prior to the related measurements coincide approximately with the experimental values.

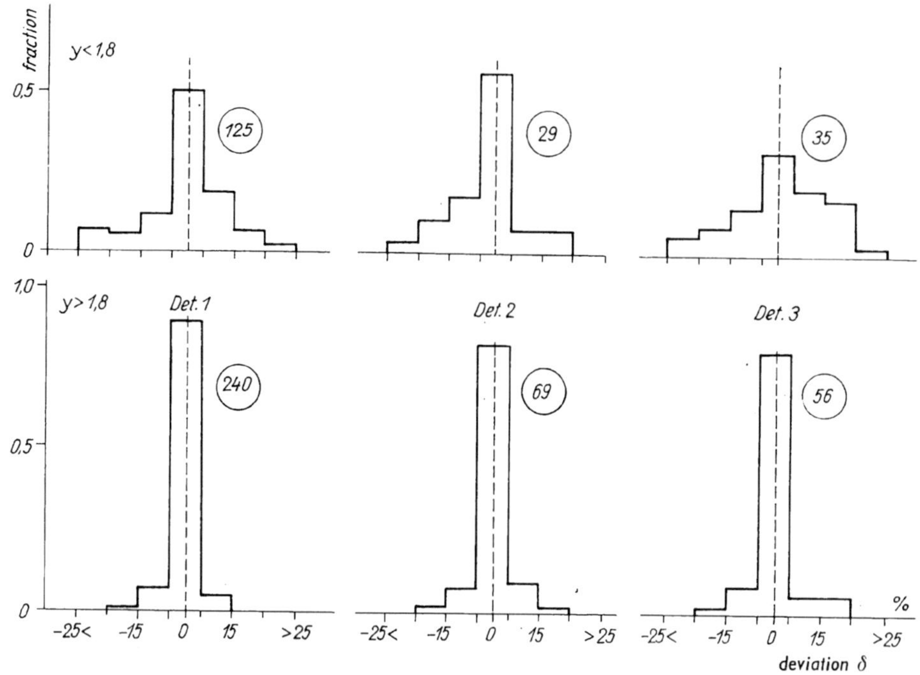

Fig. 8. Distribution of the relative deviations

$\delta = [\varepsilon_{\text{phexp}}/\varepsilon_{\text{phcalc}} - 1]$ 100% (separately drawn for $\varepsilon_{\text{phhigh}}$ and $\varepsilon_{\text{phlow}}$, (n) total number of contributing points)

Tab. 2. Found coefficients of the ε_{ph}-function

detector number	s	C_{high}	C_{low}
1	1·257	0·389	0·273
2	1·098	0·444	0·317
3	1·379	0·527	0·326
4	1·000	0·430	0·300

4. Conclusions

The empirical description of the photoefficiency of some detectors as a case report is not of a great value for the analyst. But simple working expressions based on a physical auxiliary model and including both sample position and γ-energy are a promising approach, if they do it for every detector after appropriate choose of a few parameters.

If reliable data are given by the manufacturer, only C and s have to be determined. And even for them guesses can be made: $C_{\text{low}} \approx 0{\cdot}3$, $s \approx -0{\cdot}6 \log_{10} V_{\text{active}}$ [cm³] $+ 2{\cdot}17$ [9 and 10]. Eq. (12) proved to be suitable for quickly checking new detectors and their data sheets. It allows a good estimation of ε_{ph} of a not available detector (e.g. to be bought) without any measurement.

A rapid procedure is to count e.g. ^{241}Am, ^{57}Co, ^{203}Hg or ^{113}Sn/In and ^{60}Co or ^{88}Y calibrated point sources at two apt distances. From the results of the latter nuclides s and C can be determined, the given values of dead layer thickness d(^{241}Am- and ^{57}Co-measurements) and crystal-cap-distance l_c (all measurements) can be checked and the efficiency function can be constructed with reasonable to good accuracy. Due to the special importance of the position with with minimum sample distance and the peculiarities at good geometry and low γ-energy a separate experimental calibration of $\varepsilon_{\text{ph}}(y, x = x_{\text{min}})$ is always advisable.

At least in activation analysis, activity supervision and tracer application, where besides the evaluation of analytical results quality parameters like detection limits or figures of merit are of interest, the use of generalized relations for the photoefficiency is desirable also in respect to the application of monitor methods. The remaining task is to develop better — probably more sophisticated — approximations.

All mentioned detectors, being essentials of our counting apparatus, were manufactured at Řež near Prague.

Received November 6, 1979

References

[1] *R. S. Mowatt*, Nucl. Instr. Meth. **70** (1969) 237
[2] *J. S. Hansen, J. C. McGeorge, D. Nix, W. D. Schmidt-Ott, I. Unus, R. W. Fink*, Nucl. Instr. Meth. **106** (1973) 365
[3] *R. J. Gehrke, R. A. Lokken*, Nucl. Instr. Meth. **97** (1971) 219
[4] *D. L. Smith*, Nucl. Instr. Meth. **94** (1971) 157
[5] *D. F. Crisler, J. J. Jarmer, H. B. Elbridge*, Nucl. Instr. Meth. **94** (1971) 285
[6] *R. M. Green, R. J. Finn*, Nucl. Instr. Meth. **34** (1965) 72
[7] *L. A. McNelles, J. L. Campbell*, Nucl. Instr. Meth. **109** (1973) 241
[8] *R. J. Gehrke* et al., Nucl. Instr. Meth. **147** (1977) 405
[9] *E. Vaño* et al., Nucl. Instr. Meth. **123** (1975) 573
[10] *V. Hnatowicz*, Nucl. Instr. Meth. **142** (1977) 403
[11] *M. Vidra*, personal communication

Der Nulleffekt bei der β, γ-Koinzidenzspektrometrie

S. Niese

(Akademie der Wissenschaften der DDR, Zentralinstitut für Kernforschung Rossendorf)[1])

Herrn Prof. Dr.-Ing. habil. Dr. h. c. mult. *Kurt Schwabe* zum 75. Geburtstag gewidmet

Die Untergrundspektren zweier Meßanordnungen für die β, γ-Koinzidenzspektrometrie wurden untersucht. Für die Unterdrückung der aus der Umgebung stammenden Komponente ist das Massenverhältnis der Detektoren von Bedeutung. Bei beiden Anordnungen wurde mit Hilfe der Koinzidenz der Umgebungsanteil um vier Größenordnungen reduziert. Für die Unterdrückung der Höhenstrahlungskomponente ist das Flächenverhältnis der Detektoren und die geometrische Anordnung ausschlaggebend. Diese Komponente wurde nur um ein bis zwei Größenordnungen reduziert.

(E41) INIS DESCRIPTORS:

background radiation; beta detection; coincidence spectrometry; configuration; cosmic radiation; energy spectra; gamma detection; Li-drifted Ge detectors; MeV range 01 – 10; MeV range 10 – 100; plastic scintillation detector; solid scintillation detectors

Einleitung

Zur Messung geringer Radioaktivitäten ist die β, γ-Koinzidenzspektrometrie besonders geeignet, da sie bei einer vertretbaren Effektivitätsminderung im Vergleich zur einfachen Gammaspektrometrie eine Untergrundverringerung um drei Größenordnungen bewirkt und darüber hinaus die gleichzeitige und voneinander unabhängige Messung mehrerer Proben mit einem Gammaspektrometer unter Verwendung mehrerer Betastrahlungsdetektoren gestattet [1].

In dieser Arbeit soll versucht werden, die Komponenten des Nulleffektes zu bestimmen, um wirksame Maßnahmen zu dessen weiterer Verringerung vorschlagen zu können.

Meßanordnungen

Es wurde der Untergrund von zwei Anordnungen gemessen. In der ersten [1] sind sieben 29 mm × 0,2 mm Plastszintillatoren in einer Ebene in 5 mm Abstand zur Stirnfläche eines 4″ × 3″ NaJ(Tl)-Szintillationsdetektors so angeordnet, daß ein Plastdetektor in der Mitte von den sechs übrigen umgeben wird, wobei die Mittelpunkte benachbarter Detektoren 38 mm voneinander entfernt sind. Die Detektoren befinden sich in einer zylinderförmigen Bleiabschirmung von 80 mm Wandstärke und 360 mm äußerem Durchmesser.

In einer zweiten Anordnung befindet sich ein 32 mm × 2 mm Plastszintillator in 5 mm Abstand zur Aluminiumkappe und insgesamt 25 mm Abstand zum aktiven Volumen eines 48 cm³ modifiziert koaxialen Ge(Li)-Detektors (Durchmesser 41 mm, Höhe 39 mm). Die Detektoren waren in einer Bleiabschirmung von 80 mm Wandstärke mit einer Öffnung zum Einfahren des Ge(Li)-Detektors bei einigen Messungen untergebracht.

Alle Messungen wurden in einem Labor im ZfK Rossendorf durchgeführt, dessen tragende Wände, Decken und Säulen aus Beton und zusätzliche Wände aus Ziegeln ausgeführt sind.

Abb. 1 und 2 zeigen die mit der erstgenannten Meßanordnung erhaltenen Nulleffekte U_γ für einfache Gammaspektrometrie, $U_{\beta\gamma^\circ}$ und $U_{\beta\gamma}$ für Koinzidenzmessung mit einem Plastdetektor in der Mittelposition bzw. Randposition. Den Nulleffekt oberhalb 10 MeV schreiben wir den Mesonen in der kosmischen Strahlung zu. Den im Spektrum gemessenen absorbierten Energien entsprechen Wege durch den Detektor. Die Häufigkeitsmaxima bei 40 MeV entsprechen 80 mm. Wenn die Zylinderkante eines Detektors nur geschnitten wird, erwarten wir geringe Energiebeträge. Die Verringerung des Untergrundes im Peak um den Faktor 12 bzw. 16 entspricht der vom Plastdetektor abgedeckten Fläche des NaI(Tl)-Detektors unter Berücksichtigung der Einfallsrichtung der Höhenstrahlung. Die Verschiebung

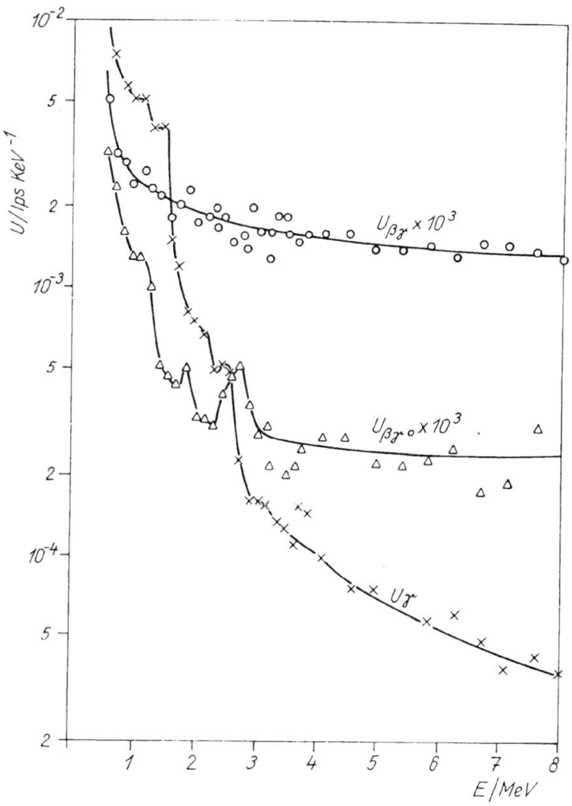

Abb. 1. Untergrundspektren von 0,7 bis 8 MeV

[1]) Anschrift: 8051 Dresden, PF 19

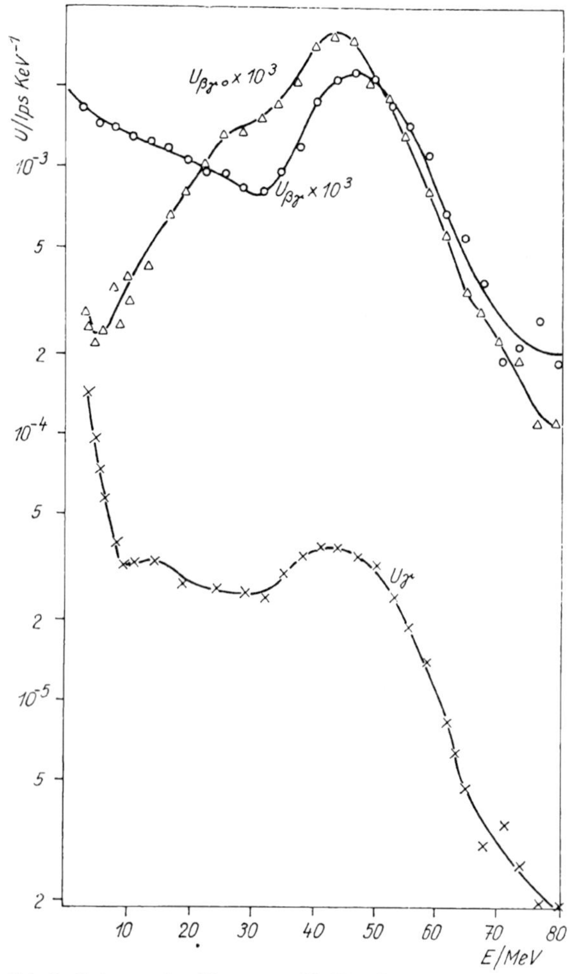

Abb. 2. Untergrundspektren von 5 bis 80 MeV

des Intensitätsmaximums bei einer Randposition ist Folge der längeren diagonalen Bahnen. Da Energien unter 20 MeV im Beta-Gamma-Koinzidenznulleffekt nur gemessen werden können, wenn die Mesonen sowohl einen Plastdetektor als auch den Rand des Natriumjodiddetektors treffen, ist der entsprechende Anteil im Spektrum bei Randpositionen erhöht. Aus den dargelegten geometrischen Überlegungen halten wir als Näherung eine Extrapolations des Nulleffektes von 10 MeV nach niederen Energien für die beschriebene Komponente $U_{\gamma K}$ bzw. $U_{\beta\gamma K}$ für zulässig. Der Betrag für die Größe

$$p_M = \frac{U_{\beta\gamma} - U_{\beta\gamma K}}{U_\gamma - U_{\gamma K}} = \frac{U_{\beta\gamma_0} - U_{\beta\gamma_0 K}}{U_\gamma - U_{\gamma K}}$$

von $2 \cdot 10^{-4}$, der die Verringerung des durch die Umgebungsstrahlung verursachten Untergrundes durch die Koinzidenz ausdrückt, wird verständlich, wenn man berücksichtigt, daß für eine Koinzidenz in beiden Detektoren ein aus der Umgebung kommendes Gammaquant *Compton*- bzw. Photoelektronen erzeugen muß. Wegen der geringen Masse liegt die Effektivität des Plastdetektors um drei Größenordnungen unter der des NaI(Tl)-Detektors. Es wirkt ein Geometrieeffekt, da der Plastdetektor nicht vollständig vom NaI(Tl)-Detektor umgeben ist. Da wegen der Koinzidenzbedingung das Quant einen Teil der Energie im Plastdetektor abgeben muß, ist Totalabsorption im NaI(Tl)-Detektor nicht mehr möglich.

Die natürliche Radioaktivität in dem den NaI(Tl)-Detektor umgebenden Aluminiummantel ist der Detektoroberfläche proportional. Im Koinzidenzspektrum gilt dabei die Fläche des Betastrahlungsdetektors. Im Gegensatz zu der aus der Umgebung stammenden Komponente sind dabei auch Peaks zu messen. Der in Abb. 1 erkennbare 2,6-MeV-Peak des ^{208}Tl im $U_{\beta\gamma_0}$-Spektrum verschwand, als wir Platinabsorber zwischen die Detektoren brachten.

Wegen der geometrischen Unterschiede ist der Anteil der Höhenstrahlung im Koinzidenzspektrum, das mit der den Ge(Li)-Detektor enthaltenden Anordnung gemessen wurde, wesentlich größer. Wir wollen für die folgenden Betrachtungen das Koinzidenzspektrum $U_{\beta\gamma}$ in Anteile aus der Umgebung $U_{\beta\gamma M}$, der Höhenstrahlung $U_{\beta\gamma K}$ und einen Restanteil $U_{\beta\gamma R}$ zerlegen und mit $U^*_{\beta\gamma}$, $U^*_{\beta\gamma K}$, $U^*_{\beta\gamma M}$ und $U^*_{\beta\gamma R}$ die ohne Bleiabschirmung erhaltenen Nulleffekte kennzeichnen. Entsprechend gilt U_γ und U^*_γ für einfache Gammaspektrometrie mit und ohne Abschirmung, wobei wir hier die Anteile für die Höhenstrahlung und den Rest vernachlässigen.

Wir schreiben

$$U_\gamma = U_{\gamma M} \tag{1}$$

$$U^*_\gamma = U^*_{\gamma M} \tag{2}$$

$$U_{\beta\gamma} = U_{\beta\gamma M} + U_{\beta\gamma K} + U_{\beta\gamma R} \tag{3}$$

$$U^*_{\beta\gamma} = U^*_{\beta\gamma M} + U^*_{\beta\gamma K} + U^*_{\beta\gamma R} \tag{4}$$

und nehmen an, daß

$$\frac{U_{\beta\gamma M}}{U_{\beta M}} = \frac{U^*_{\beta\gamma M}}{U^*_{\gamma M}} \tag{5}$$

ist.

Aus (3), (4) und (5) erhalten wir den die Unterdrückung der aus der Umgebung, d. h. vorwiegend aus dem Mauerwerk, stammenden Komponente beschreibenden Quotienten

$$p_M = \frac{U_{\beta\gamma M}}{U_{\gamma M}} = \frac{U^*_{\beta\gamma} - U_{\beta\gamma}}{U^*_\gamma - U_\gamma} \tag{6}$$

Tab. 1. Untergrund bei Gamma- und Beta-Gamma-Koinzidenzspektroskopie (1 Kanal = 256 keV, alle Angaben in Ips/keV)

Kanal	$U^*_\gamma \cdot 10^3$	$U^*_{\beta\gamma} \cdot 10^6$	$U_\gamma \cdot 10^3$	$U_{\beta\gamma} \cdot 10^6$	$p_M \cdot 10^3$	$U_{\beta\gamma R} \cdot 10^6$
1	374	93	22	20	0,21	13,5
2	66	33	4,6	10	0,37	6,3
3	22	10	2,0	5,6	0,22	3,2
4	11	5,7	1,3	3,3	0,25	1,0
5	7,5	3,6	0,9	2,2	0,21	
6	4,2	2,2	0,6	2,3		
7	1,3	2,2	0,16	2,0		
8	0,9	1,6	0,13	1,5		

Aus (1), (2), (3), (4) und dem durch Extrapolation aus dem höheren Energiebereichen erhaltenen Wert für $U_{\beta\gamma K}$ berechnen wir den Restanteil

$$U_{\beta\gamma R} = \frac{(U_{\beta\gamma} - U_{\beta\gamma K}) \cdot U_{\gamma}^{*} - (U_{\beta\gamma}^{*} - U_{\beta\gamma K}) \cdot U_{\gamma}}{U_{\gamma}^{*} - U_{\gamma}} \quad (7)$$

Tab. 1 enthält neben den gemessenen Werten für U_{γ}^{*}, U_{γ}, $U_{\beta\gamma}^{*}$ und $U_{\beta\gamma}$, die nach Gleichung (6) bzw. (7) berechneten Werte für p_M und $U_{\beta\gamma R}$. Aus Messungen bei Energien oberhalb 4 MeV wurden für $U_{\gamma K}$ und $U_{\beta\gamma K}$ $1{,}0 \cdot 10^{-5}$ und $2{,}0 \cdot 10^{-6}$ Ips/keV erhalten.

Wir entnehmen den Werten von Tab. 1, daß der aus dem Mauerwerk stammende Anteil durch die Koinzidenz wirksam reduziert wird. Oberhalb 1 MeV überwiegt schon der Höhenstrahlungsanteil, zu dessen Verringerung eine Antikoinzidenzabschirmung oder die Installation der Anlage in einem Untergrundlabor notwendig wäre. Eine Verstärkung der Abschirmung ist wegen des hohen Anteils $U_{\beta\gamma R}$ wenig erfolgversprechend.

Schlußfolgerungen

Die vorgelegten Ergebnisse zeigen, daß mit Hilfe der β, γ-Koinzidenz die einzelnen Komponenten des Nulleffektes in unterschiedlicher Weise reduziert werden. Am wirksamsten erfolgt die Unterdrückung der aus dem Mauerwerk und anderen Quellen der Umgebung stammenden Strahlung. Hierbei spielt das Massenverhältnis der Detektoren eine entscheidende Rolle. Für die Unterdrückung der Höhenstrahlungskomponente ist das Flächenverhältnis der Detektoren von Bedeutung, wobei zu beachten ist, daß der Anteil der Höhenstrahlung in den niederen Energiebereichen auch von der Entfernung des Betastrahlungsdetektors vom Rand des zylindrischen Gammastrahlungsdetektors abhängt.

Eingegangen am 20. 7. 1979

Literatur

[1] *S. Niese, W. Görner, H. Kleeberg*, Nucl. Instr. Meth., **118** (1974) 217

Kurze Originalmitteilungen

Die Bestimmung β-strahlender Radionuklide in der Ausscheidungsanalytik

I. Schäfer

(Akademie der Wissenschaften der DDR, Zentralinstitut für Kernforschung Rossendorf)[1])

(B11) INIS DESCRIPTORS:

beta detection; carbon 14; excretion; experimental data; heavy water; isolated values; personnel monitoring; phosphorus 32; radiometric analysis; scintillation counting; scintillation quenching; sensitivity; strontium 90; sulfur 35; time dependence; tritium; tritium compounds; urine

1. Einleitung

Zur Inkorporationskontrolle im Urin sollen β-Strahler, die mit dem Ganzkörperzähler nicht nachweisbar sind, mit einer Empfindlichkeit von 10% der vom Strahlenschutz festgelegten Grenzwerte [1] bestimmt werden. Dabei sind chemische Abtrennverfahren, wenn sie nicht vermieden werden können, so einfach wie möglich zu gestalten. Zur Durchführung der Meßaufgaben findet Liquid-Scintillation-Counting (LSC) Anwendung.

Die LSC für den Nachweis radioaktiver Isotope wurde 1950 von *Reynolds* und *Kallmann* [2, 3] entwickelt. Meistens wird sie für die Messung niederenergetischer β-Strahler verwendet, ist jedoch ebenso für den Nachweis α-aktiver Isotope einsetzbar. In der Ausscheidungsanalyse wurde LSC von *Schieferdecker* [4] für die Inkorporationskontrolle der Nuklide 3H, ^{14}C, ^{35}S und ^{32}P ausgenutzt.

2. Experimentelles

2.1. Geräte und Szintillationschemikalien

Für die experimentelle Durchführung der Routineüberwachung strahlenexponierter Personen stehen im ZfK Rossendorf die Automaten LS-233 der Fa. Beckman Instr. und Tri-Carb B 2450 der Fa. Packard Instr. Company zur Verfügung. Quencheffekte werden durch externe Standardisierung mit einer ^{137}Cs-Quelle beim LS-233, bzw. mit einer ^{226}Ra-Quelle beim B-2450 korrigiert.

Für die ^{3}H-Bestimmung wird eine Szintillatorlösung folgender Zusammensetzung verwendet:

Dioxan (Dest. KP 101, 4 °C)	1 l
PPO	4 g
Dimethyl-POPOP	0,05 g
Naphthalin	120 g

Alle anderen Messungen werden mit Insta-Gel der Fa. Packard Instr. durchgeführt.

Die Aktivitätsbestimmung des Urins erfolgt durch Direktmessung oder durch vorherige chemische Abtrennung des Nuklids von der organischen Matrix.

2.2. Bestimmungsmethoden

2.2.1. ^{3}H-Bestimmung. Untersuchungen von ^{3}H im Urin nach ^{3}H-Inkorporationen zeigen, daß der überwiegende ^{3}H-Anteil im Urin als HTO gebunden ist [4]. Deshalb ist es möglich, den Urin zur ^{3}H-Bestimmung durch LSC in der Ausscheidungsanalyse zu destillieren. Damit umgeht man alle störenden Einflüsse der Urinsalze und -färbung. Das Destillat wird mit einer Meßeffektivität von 30–40% im Dioxanszintillator gemessen. Bei den ungequenchten Proben beträgt die Meßeffektivität für ^{3}H ca. 50%. Die Effektivitätsverluste bei der Messung von Urindestillat sind auf Verdünnungslöscheffekte zurückzuführen, deren Korrektur mit Hilfe der Methode der externen Standardisierung erfolgt [5].

[1]) Anschrift: 8051 Dresden, PF 19

2.2.2. Bestimmung von ¹⁴C und ³⁵S. Die Direktmessung von Radionukliden im Urin durch Liquid-Scintillation-Counting (LSC) bringt einige Schwierigkeiten mit sich. Die Effektivitätsverluste durch Quencheffekte, resultierend aus dem Salzgehalt und der Färbung des Urins, können bis zu 40% betragen. Die Isolierung des ^{14}C bzw. ^{35}S durch Verbrennung des Urins, bzw. eine Entfärbung des Urins bringt jedoch so viele Nachteile für das Verfahren, daß wir die Direktmessung bevorzugen.

Die Störungen durch Quenchung werden mit externer Standardisierung korrigiert [5].

Auf Grund des geringen Aktivitätsgehaltes in biologischen Proben ist der Einsatz von 1 ml Urin zur Messung unbedingt erforderlich. Die von *Schieferdecker* [4] beschriebene Methode der Direktmessung des Urins in Dioxanszintillator hat sich bei uns nicht bewährt.

Sie liefert im Vergleich mit Insta-Gel zu geringe Werte, da abhängig vom Salzgehalt des Urins Trübungen der Meßlösungen oder sogar zwei Phasen auftreten (Abb. 1).

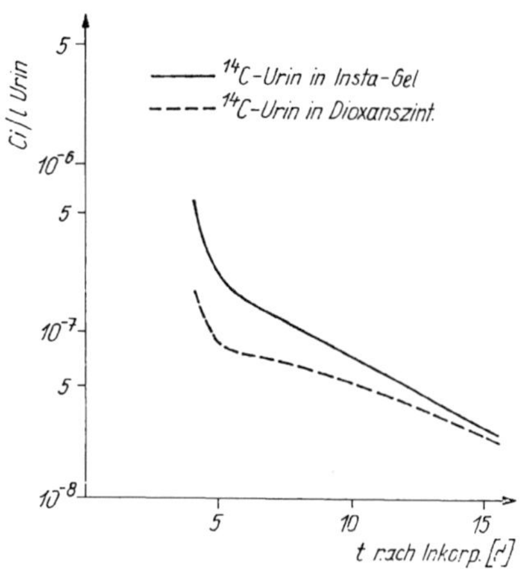

Abb. 1. Abklingkurven nach ^{14}C-Inkorporation

Um ökonomisch zu arbeiten, ist es sinnvoll, Insta-Gel nicht in großen Mengen einzusetzen. Mit Mini-Vials der Fa. Beckman ist es möglich, bei Einsatz von 1 ml Urin mit 2 ml Insta-Gel zu arbeiten. Die Effektivität beträgt 70—80%, die Ergebnisse sind sehr gut reproduzierbar. Bei Verwendung von 8 ml Insta-Gel kann die Meßeffektivität nur um 5—10% verbessert werden.

Der Einsatz von 2 ml Insta-Gel ist die optimale Variante zwischen Szintillatoreinsparung und gesicherten Ergebnissen.

2.2.3. Bestimmung von ³²P. Zur ^{32}P-Bestimmung im Urin erfolgt eine Direktmessung durch LSC. Bei Verwendung von Dioxanszintillator treten wie bei der ^{14}C-Bestimmung Effektivitätsverluste auf.

Abb. 2 zeigt das β-Spektrum in Dioxanszintillator für die ungequenchte ^{32}P-Probe (K1) und die Urinprobe (K 2) im LS-233.

Das Auftreten eines Doppelpeaks bei Zugabe von Urin veranlaßte uns, zum Vergleich die *Tscherenkow*-Strahlung von ^{32}P in wäßriger Lösung zu messen, wobei ein Peak an gleicher Stelle wie der erste Peak im Urin-Dioxanszintillator-Gemisch auftritt (K 3). Um dadurch auftretende Effektivitätsverluste zu vermeiden, muß unbedingt mit homogenen Proben gearbeitet werden.

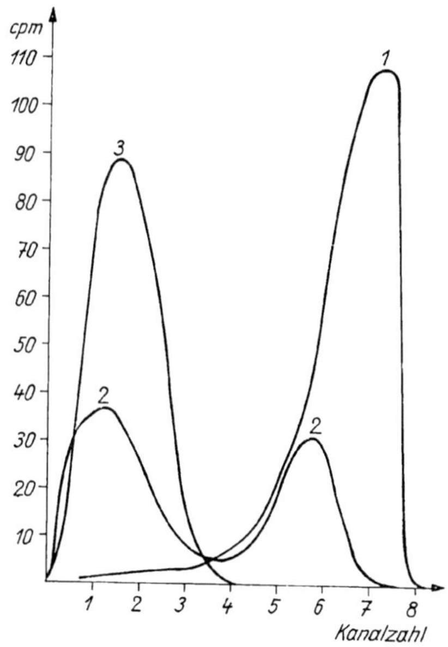

Abb. 2. ^{32}P-Spektren (Beckmann LS-233)

Die Verwendung von Insta-Gel in Mini-Vials (Fa. Beckman) führt auch hier schon bei Zusatz von 2 ml Szintillationsgel zu 1 ml Urin zu sehr gut reproduzierbaren Ergebnissen von mehr als 98% Effektivität.

2.2.4. Bestimmung der β-Globalaktivität von Spaltprodukten. Inkorporationen bei Arbeiten mit Spaltnukliden können zum Teil durch γ-Messung mit dem Ganzkörperzähler festgestellt werden. Das toxischste Nuklid in der Reihe der Spaltprodukte, ^{90}Sr, ist jedoch ein reiner β-Strahler und muß durch Aufarbeitung des Urins bestimmt werden. Um eine aufwendige Abtrennung des ^{90}Sr aus dem Urin zu umgehen, ist es möglich, die Gesamt-β-Aktivität der Oxalatmitfällungsfraktion zu bestimmen und auf ^{90}Sr zu beziehen. Zur Messung der Gesamt-β-Aktivität des Urins erfolgt die Anreicherung durch Oxalatmitfällung. Dazu werden 350 ml 24-h-Urin mit 1 N HCl auf *p*H 4 eingestellt.

Unter kräftigem Rühren gibt man 35 ml *Sulkowitch*-Reagenz (35 g Oxalsäure, 35 g Ammoninoxalat, 80 ml Eisessig mit H_2O zu 1 l lösen) tropfenweise hinzu und rührt dann noch weitere 15 Minuten. Den Niederschlag läßt man über Nacht absetzen. Die überstehende Lösung wird weitgehend abgesaugt und verworfen und der Rest abzentrifugiert. Der Niederschlag muß zweimal mit 30 ml NH_3-H_2O gewaschen werden. Der so vorbehandelte Oxalatniederschlag wird mit 15 ml Insta-Gel in eine Szintillationsküvette übertragen und durch LSC (LS-233) gemessen. Vor der

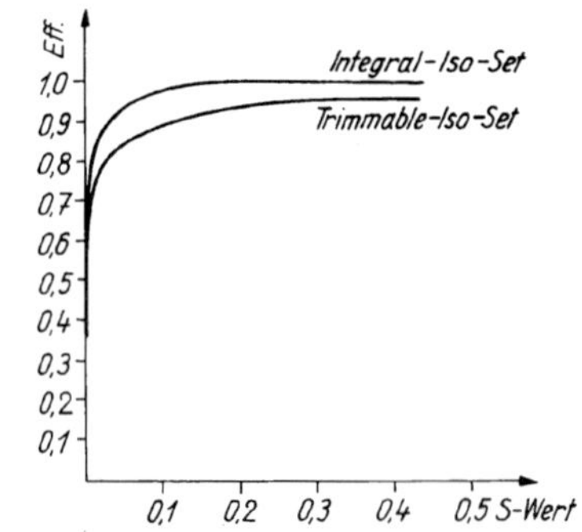

Abb. 3. ^{90}Sr-Farbquenchkurven (LS-233)

Tab. 1. Nachweisgrenzen in der Ausscheidungsanalyse

Nuklid	t_M	Meßprogramm	LS-233			D/L	t nach Inkorporation
			ε	NE	NWG		
			%	cpm	Ci/l	Ci/l	d
^{3}H	20	^{3}H-Iso-Set	35	40	$6{,}2 \cdot 10^{-9}$	$4{,}0 \cdot 10^{-6}$	30
^{14}C	20	Integral-Iso-Set	75	50	$3{,}2 \cdot 10^{-9}$	$1{,}0 \cdot 10^{-8}$	4
^{35}S	20	Integral-Iso-Set	75	50	$3{,}2 \cdot 10^{-9}$	$6{,}0 \cdot 10^{-8}$	60
^{32}P	20	Integral-Iso-Set	100	50	$2{,}4 \cdot 10^{-9}$	$7{,}0 \cdot 10^{-9}$	30
^{90}Sr	20	Trimmable-Iso-Set	90	45	$8{,}0 \cdot 10^{-12}$	$1{,}0 \cdot 10^{-11}$	93

Messung ist die Probe mindestens 1 h kühl und dunkel aufzubewahren. Die Quenchverluste durch Ca-Oxalat und Farbquenchung für ^{90}Sr wurden am LS-233 für die Fenstereinstellungen Integral-Iso-Set und Trimmable-Iso-Set (Fenster 200—1000) untersucht (Abb. 3). Reines Ca-Oxalat erzeugt bei der Messung von ^{90}Sr in Insta-Gel keine Effektivitätsverluste, während durch Farbstoffzusatz (Methylorange) die Lichtausbeute und damit die Effektivität verringert wird.

Die meisten Urinproben zeigen nach der Oxalatmitfällung bei der externen Standardisierung einen *S*-Wert am LS-233 von 0,2—0,4 (Abb. 3), das bedeutet, über einen großen konstanten Bereich eine Effektivität im Integral-Iso-Set von > 98% und im Trimmable-Iso-Set von 94%.

3. Diskussion

Für die Bestimmung β-strahlender Nuklide in der Ausscheidungsanalytik ist die LSC-Technik das am besten geeignete Verfahren. Die damit bisher erreichten Nachweisgrenzen und die von der ICRP (International Commission on Radiological Protection) (1) festgelegten Grenzwerte für die Urinausscheidung nach Inkorporationen sind für Beckman LS-233 in Tab. 1 zusammengefaßt. Die Berechnung der Nachweisgrenzen erfolgte nach *Currie* [6].

Die Tabelle zeigt, daß bei β-Nukliden die *D/L*-Werte (Derived Investigation Level) für Urin durch LSC weit unterschritten werden können.

Bei der ^{90}Sr-Bestimmung bewirkt die Anwendung der LSC-Technik gegenüber der Messung mit dem Glockenzählrohr eine Verbesserung der Nachweisgrenze bei gleichen Meßzeiten um den Faktor 4.

Eingegangen am 5. 10. 1979

Literatur

[1] ICRP 10 (1968)
[2] *F. B. Reynolds*, Phys. Rev. **78** (1950) 488
[3] *H. Kallmann*, Phys. Rev. **78** (1950) 21
[4] *H. Schieferdecker*, KFK **810** (1968) 13
[5] *P. Langner*, Z. Instr. **74** (1966) Heft 9
[6] *L. A. Currie*, Anal. Chem. **40** (1968) 586

Experimentelle Bestimmung der linearen Schwächungskoeffizienten von Steinsalz

H. Kaschenz[1]), *R. Berndt*[2]), *W. Körner*[3]), *W. Noack*[3])

[1]) Ingenieurhochschule Zittau; [2]) Zentralinstitut für Kernforschung Rossendorf; [3]) Staatliches Amt für Atomsicherheit und Strahlenschutz

(A32) INIS DESCRIPTORS:

absorption; cesium 134; cesium 137; cobalt 60; concretes; energy dependence; experimental data; isolated values; keV range 100—1000; MeV range 01—10; salts; silver 110; sodium chlorides; thickness

1. Einleitung

Für die sicherheitstechnischen Untersuchungen zur Endlagerung von radioaktiven Abfällen in Steinsalzlagerstätten ist die Kenntnis der physikalischen Eigenschaften des Steinsalzes erforderlich. Als grundlegende stoffliche Größe werden für Strahlungsfelderberechnungen die linearen Schwächungskoeffizienten benötigt. Auf Grund annähernder Übereinstimmung zwischen Steinsalz und Normalbeton in den Dichten $\left(\varrho = 2{,}17 \cdot 10^3 \frac{\text{kg}}{\text{m}^3} \left(2{,}17 \frac{\text{g}}{\text{cm}^3}\right)\right.$ [1] und $\left.2{,}30 \cdot 10^3 \frac{\text{kg}}{\text{m}^3} \left(2{,}30 \frac{\text{g}}{\text{cm}^3}\right)\right)$ und den effektiven Ordnungszahlen ($Z_{\text{eff}} = 14$ und $Z_{\text{eff}} = 12{,}5 \ldots 16{,}0$ [2]) sind für Steinsalz prinzipiell ähnliche Werte der Schwächungskoeffizienten zu erwarten, wie sie für Normalbeton [2—4] gelten. Diese Aussage war durch experimentelle Untersuchungen zu belegen.

[3]) Anschrift: 1157 Berlin-Karlshorst, Waldowallee 117

2. Experimenteller Aufbau und Messungen

Die Meßeinrichtung zur Bestimmung der energieabhängigen Schwächungskoeffizienten ist in ihrem prinzipiellen Aufbau in Abb. 1 dargestellt. Als Strahlenquellen wurden neben ^{134}Cs, ^{137}Cs und ^{60}Co das durch Neutronenbestrahlung von Silber erzeugte ^{110}Ag verwendet. Die Aktivität betrug jeweils ca. 18 GBq (ca. 0,5 Ci). In wesentlicher Übereinstim-

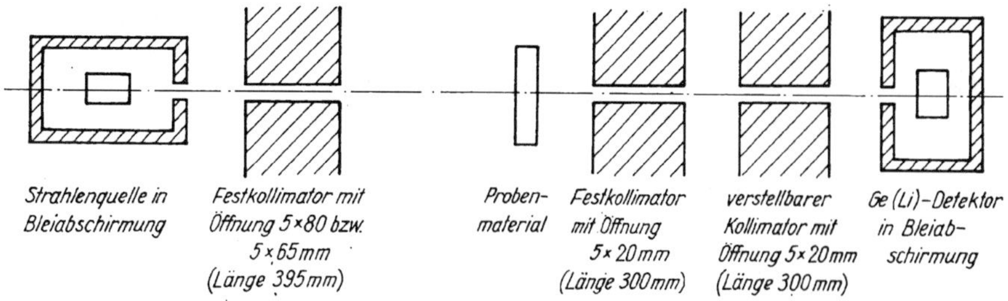

Abb. 1. Prinzipieller Versuchsaufbau zur Bestimmung von linearen Schwächungskoeffizienten

mung zum radioaktiven Abfall [5, 6] emittieren die genannten Strahlenquellen Quanten mit Energien zwischen 0,4 MeV und 1,5 MeV. Unterhalb dieses Energiebereiches tritt beim Steinsalz die erste Unstetigkeit in der Energieabhängigkeit des linearen Schwächungskoeffizienten bei der K-Absorptionskante (3,4 keV) des zu ca. 60% enthaltenen Chlors auf [7]. Die Bedingung des schmalen Strahlenbündels wurde durch eine Anordnung von Kollimatoren gewährleistet, wobei ein maximaler Öffnungswinkel von $\vartheta = 0{,}02$ vorlag. Bei diesem Öffnungswinkel werden die negativen Einflüsse der *Compton*streuung, der kohärent gestreuten Quanten und der Position des Probenmaterials innerhalb der Meßstrecke auf die Qualität der Impulshöhenverteilung reduziert [8–10]. Als Probenmaterial wurde Steinsalz Na 2 der Staßfurt-Serie (Zechstein 2) verwendet. Die Dicke der parallel geschliffenen Proben betrug 10,0 mm, 20,0 mm, 50,0 mm, 100,0 mm und 200,0 mm mit einem Fehler von $\pm 0{,}1$ mm. Als Meßgerät wurde ein Ge(Li)-Halbleiterspektrometer mit einem Auflösungsvermögen von 2,1 keV bei 661 keV verwendet. Zur Auswertung diente ein 2048-Kanal-Impulshöhenanalysator. Die Schwächung wurde durch den Vergleich der Vollenergieabsorptionspeaks in den Impulshöhenverteilungen bei Messungen ohne Absorptionsmaterial und unter Verwendung von Absorbermaterial bei der jeweiligen Energie der Gamma-Strahlung untersucht. Zu diesem Zwecke wurden die Flächen der Vollenergieabsorptionspeaks mit Hilfe eines Rechenprogramms [11] ermittelt, bei dem eine Anpassung an die *Gauß*sche Normalverteilung erfolgt. Die Messungen erfolgten bei Meßzeiten von 400 s bis 10000 s je nach Quellenaktivität und Absorberdicke. Während der Messungen besaß das Absorbermaterial eine Temperatur von ca. 293 K.

Zur Ermittlung der linearen Schwächungskoeffizienten für eine Quantenenergie E_i wurden jeweils nach den entsprechenden Messungen die Flächen der Vollenergieabsorptionspeaks ohne Absorbermaterial $R_0(E_i)$ und mit Absorbermaterial $R_x(E_i)$ bestimmt. Die linearen Schwächungskoeffizienten für die Energie E_i und die Absorbermaterialdicke x ergibt sich aus

$$\mu(E_i, x) = \frac{1}{x} \cdot \ln \frac{R_0(E_i)}{R(E_i)} \tag{1}$$

Tab. 1. Vergleich linearer Massen-Schwächungskoeffizienten μ/ϱ von Blei bei einer Quantenenergie von 661 keV

m^2/kg (cm^2/g)	Autor
0,01066 $\pm$ 0,00004(0,1066 $\pm$ 0,0004)	eigene Messung
0,01071 $\pm$ 0,00004(0,1071 $\pm$ 0,0004)	(*Goswami, Chowdhuri* [9]
0,01074 $\pm$ 0,00005(0,1074 $\pm$ 0,0005)	*Conner* u. a. [12]

3. Meßergebnisse und Diskussion

Zur Überprüfung der gewählten Meß- und Auswertemethode wurden die linearen Massen-Schwächungskoeffizienten für Blei bestimmt. Ein Vergleich der Meßergebnisse mit Literaturergebnissen für eine Quantenenergie von 661 MeV ist in Tab. 1 gegeben.

Eine gute Übereinstimmung mit den Literaturergebnissen [12–17] liegt auch für die Gamma-Energien zwischen 0,4 MeV und 1,5 MeV vor.

Das Verhältnis der Flächen für die Vollenergieabsorptionspeaks ohne Absorbermaterial $R_0(E_i)$ und mit Absorbermaterial $R_x(E_i)$ in Abhängigkeit von der Steinsalzprobendicke x ist für die Gamma-Strahlung der Radionuklide ^{60}Co, ^{134}Cs und ^{137}Cs in Abb. 2 dargestellt. Diese

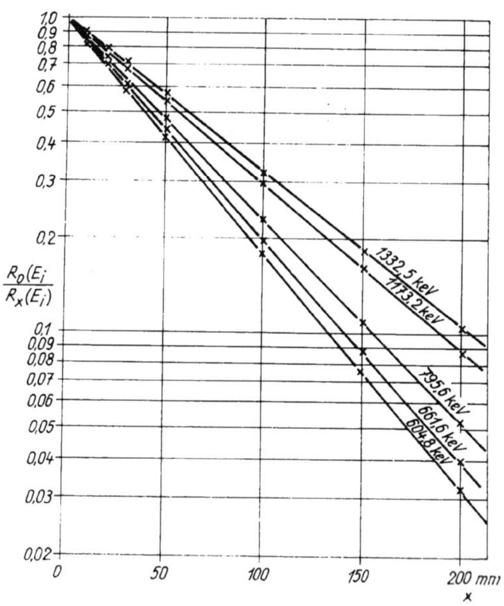

Abb. 2. Verhältnis der Flächen für die Vollenergieabsorptionspeaks ohne Absorbermaterial $R_0(E_i)$ und mit Absorbermaterial $R_x(E_i)$ in Abhängigkeit von der Steinsalzprobendicke x für die Gamma-Strahlung der Radionuklide ^{60}Co, ^{134}Cs und ^{137}Cs

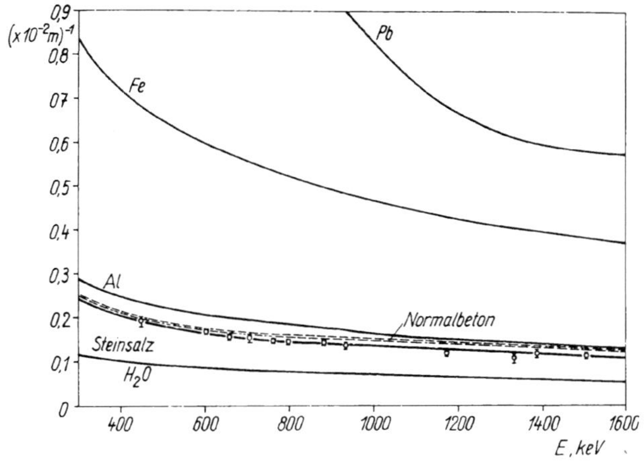

Abb. 3. Lineare Schwächungskoeffizienten für Steinsalz Na 2 der Staßfurt-Serie; Grenzen für verschiedene Normalbetonarten [2], Blei, Eisen, Aluminium und Wasser [18]

Abb. 2 bringt zum Ausdruck, daß sich bei den durchgeführten Messungen keine Abhängigkeit der linearen Schwächungskoeffizienten von den Schichtdicken der verwendeten Steinsalzproben zeigt.

Die nach Gleichung (1) berechneten linearen Schwächungskoeffizienten für das Steinsalz sind in Abhängigkeit von der Gamma-Energie in Abb. 3 dargestellt. Daneben enthält Abb. 3 die linearen Schwächungskoeffizienten in ihren Grenzen für die verschiedenen Arten von Normalbeton [2], Blei, Eisen, Aluminium und Wasser [18]. Es zeigt sich, daß die linearen Schwächungskoeffizienten von Steinsalz Na 2 der Staßfurt-Serie mit den Werten für Normalbeton näherungsweise übereinstimmen. Deshalb können bei Strahlungsfeldberechnungen für das Steinsalz unter Beachtung der Energien der Gamma-Strahlung die hinreichend bekannten Parameter für Normalbeton verwendet werden.

Eingegangen am 24. 10. 1979

Literatur

[1] *R. L. Bradshaw, W. C. McClain*, ORNL-4555 (1971)
[2] *F. W. Krüger*, Kernenergie **11** (1968) 197
[3] *H. Sprenger, F. W. Krüger*, Kernenergie **15** (1972) 232
[4] *R. G. Jaeger* (ed.), Engineering Compendium on Radiation Shielding, Volume I Shielding Fundamentals and Methods, Berlin, Heidelberg, New York 1968
[5] *F. W. Krüger*, Kernenergie **15** (1972) 311
[6] *M. J. Bell*, ORNL-4628 (1973)
[7] *K. R. Harrison*, Reaktorabschirmung, Braunschweig 1962
[8] *B. Goswami, N. Chowdhuri*, Nucl. Instr. Meth. **92** (1971) 433
[9] *B. Goswami, N. Choduri*, Nucl. Instr. Meth. **106** (1973) 317
[10] *A. L. Conner*, et al, Phys. Rev. **153** (1967) 307
[11] *G. Winter*, ZfK – 182 (1969)
[12] *A. L. Conner* et al, Phys. Rev. A, **1** (1970) 539
[13] *C.-M. Davisson, R. D. Evans*, Phys. Rev. **81** (1951) 404
[14] *P. P. Quiry*, Le Journal de Physique **24** (1963) 169
[15] *S. Gopals, S. Sanejeevah*, Nucl. Instr. Meth. **107** (1973) 221
[16] *R. P. Knerr, H. Vonach*, Zeitschrift für angew. Phys. **22** (1967) Nr. 6
[17] *M. Wiedenbeck*, Phys. Rev. **126** (1962) 1009
[18] *H. Etherington*, Nuclear Engineering Handbook, New York, Toronto, London 1958

Tagungsberichte

Bericht über die X. Jahrestagung der „European Society of Nuclear Methods in Agriculture" vom 15. bis 21. 10. 1979 in Beograd — Zemun

Im Vordergrund der Tagung standen Probleme der Anwendung ionisierender Strahlung zur Haltbarkeitsverlängerung von Lebensmitteln, zur Hygienisierung landwirtschaftlicher Abprodukte, zur Stimulierung des pflanzlichen und tierischen Wachstums sowie zur Multagenese, Fragen der Traceranwendung zur Aufklärung des pflanzlichen und tierischen Stoffwechsels sowie Ergebnisse der Anwendung nuklearer Analysenverfahren in der Landwirtschaft. An der Tagung nahmen 139 Wissenschaftler aus 21 Ländern teil. Außerdem waren die International Atomic Energy Agency (IAEA) und die World Health Organisation (WHO) auf der Tagung vertreten.

Folgende Plenarvorträge wurden gehalten:

- *R. Blinc*, SFRJ: „NMR-Spektroskopie als analytische Methode in der Landwirtschaft"
- *H. Glubrecht*, BRD: „Neue Horizonte in der landwirtschaftswissenschaftlichen Forschung"
- *C. G. Lamm*, Joint Division IAEA/FAO: „Anwendungslinien der Kernenergie in der Landwirtschaft"
- *K. Wetzel*, DDR: „Die Anwendung nuklearer Methoden in der landwirtschaftswissenschaftlichen Forschung der DDR".

Der Plenarvortrag von *H. Glubrecht* war dem Problem der Nutzung der Sonnenenergie zur Erzeugung von Biomasse als Energieträger gewidmet.

Ausgangspunkt waren folgende Daten:

– Energieverbrauch der Welt 1978	$3 \cdot 10^{20}$ Joule/a
– Weltvorrat an fossilen Energieträgern	$4 \cdot 10^{22}$ Joule
– Sonnenenergie-Einstrahlung	$3 \cdot 10^{24}$ Joule/a
– durchschnittlicher Wirkungsgrad der Photosynthese	0,25%
– maximaler Wirkungsgrad der Photosynthese (in tropischen Gebieten)	4% (in Zukunft vielleicht 10%)

Als Probleme der Nutzung der Sonnenenergie zur Biomasse-Produktion wurden herausgestellt:

- die globale Verteilung der Einstrahlung
- der geringe Wirkungsgrad der Photosynthese
- der große Wasserverbrauch
- die Schwierigkeiten bei der Umwandlung der Biomasse in Brennstoffe (alkoholische Gärung, anaerobe Umwandlung in Methan, Pyrolyse, hydrierende Vergasung).

Ein bestechender Vorteil wäre das Recycling des atmosphärischen Kohlendioxids.

Für die Deckung des gesamten heutigen Energiebedarfs ergäbe sich für einzelne Länder folgender Flächenbedarf (bei einem allerdings spektakulären Wirkungsgrad der

Photosynthese von 10%!):

Australien	0,08%
Schweden	0,5%
USA	1,5%
BRD	8%
Niederlande	15%

Als für die Biomasse-Produktion günstige Pflanzen wurden genannt: Zuckerrohr, Mais, Eukalyptus, Hibiskus. Bei latexliefernden Pflanzen käme eine Umwandlung in erdölähnliche Produkte in Frage.

Der Vortragende unterbreitete folgende Vorschläge für ein Engagement der ESNA:

— Erhöhung des Wirkungsgrades der Photosynthese durch Markierungsexperimente mit ^{18}O und ^{14}C
— Züchtung durch strahleninduzierte Mutagenese
— Einsatz der nuklearen Analytik
— Unterstützung von Entwicklungsländern bei der Biomasse-Produktion.

Aus dem Plenarvortrag von *C. G. Lamm* ging hervor, daß die sterile-male-Technik bereits in beachtlicher Breite angewandt wird. So wird mit ihrer Hilfe in Mexiko eine Barriere gegen die von Südamerika nach Norden drängende mediterrane Fruchtfliege errichtet.

In Afrika gibt es drei Projekte, die gegen die Tsetse-Fliege gerichtet sind (Nigeria, Obervolta, Tansania). Besondere Vorteile hat die Methode in der Umgebung von Gewässern, wo der Einsatz von Insektiziden ausgeschlossen ist. Die Gegenüberstellung des Einsatzes von Insektiziden und der sterile-male-Technik verliert angesichts des Arguments an Bedeutung, daß die sterile-male-Technik ein Mittel gegen die Wiederbesiedelung nach Einsatz von Insektiziden ist.

Offenbar beginnt sich das Konzept einer Insektenbekämpfung in drei Stufen durchzusetzen: Reduzierung der Population auf etwa 10% durch Versprühen eines Insektizids (sparsamer Einsatz dieser toxischen Stoffe und Schonung der unschädlichen Insektenarten!) — Reduzierung der Population auf etwa 1% durch Auflassen steriler Männchen, die gegen das angewandte Insektizid resistent sind — Vernichtung des Restes durch Auflassen von Männchen, denen durch Translokation die Fähigkeit aufgeprägt ist, unfruchtbare Nachkommen zu zeugen. Die Isolierung der Männchen gelingt durch ein Gift, gegen das sie geschlechtsgebunden resistent sind (Tötung der nichtresistenten Weibchen).

Im Rahmen des Projekts gegen die mediterrane Fruchtfliege in Mexiko werden gegenwärtig 10^9 sterile Männchen pro Woche produziert. Die Bestrahlungskosten fallen gegenüber den Gesamtkosten nicht ins Gewicht.

Im Bericht über die Aktivitäten der BRD auf dem Gebiet der Lebensmittelbestrahlung kam zum Ausdruck, daß die Forschungsarbeiten auslaufen mit dem Ergebnis, daß bei den üblichen Dosen (10 bis 200 MGy) keine Veränderungen der Aminosäure-, Fettsäure- und Kohlenhydrat-Spektren und der Enzymaktivitäten eintreten, die außerhalb der biologischen Schwankungsbreite lägen. Lediglich bei mehrfach ungesättigten Fettsäuren treten signifikante Änderungen ein, so daß bei hohen Gehalten an solchen Fettsäuren eine Bestimmung des Gehalts an Doppelbindungen angezeigt ist.

Die Wissenschaftler aus der VR Polen berichteten über Bestrahlungsexperimente an Gewürzen, Kartoffeln, Zwiebeln, Hühnerfleisch und Champignons. Die VR Polen baut auf $2 \cdot 10^6$ ha Anbaufläche Kartoffeln an. Die Lagerverluste liegen bei 10—15% ($8 \cdot 10^6$ Tonnen pro Jahr). Das Maximum der keimhemmenden Wirkung liegt bei einer Bestrahlung (bis 175 Gy) zwei Monate nach der Ernte (Reduzierung der Verluste etwa um den Faktor 2!). Bei Champignons läßt sich die Lagerzeit durch Bestrahlung mit 10 kGy von 4 auf 8 Tage verlängern (Lagertemperatur: 10 °C).

Die Wissenschaftler aus Ungarn und der ČSSR berichteten über negative Ergebnisse bei der Kartoffelbestrahlung. In der Diskussion wurde jedoch deutlich, daß hier ungünstige Bedingungen (Kartoffeln aus Lehmböden verhalten sich schlechter als solche aus Sandböden, Transportschäden, schlechte Lagerbedingungen, ungünstige Wahl des Bestrahlungszeitpunktes, mechanische Schädigung bei der Ernte) gewählt wurden bzw. von falschen Voraussetzungen ausgegangen wurde. Man muß berücksichtigen, daß sich die Lebensmittelbestrahlung nicht bzw. nicht bei jedem Lebensmittel in die bestehenden Ernte-, Lagerungs- und Transporttechnologien eingliedern läßt. Es erscheint darüber hinaus zweckmäßig, für einzelne Lebensmittel spezielle Bestrahlungsanlagen zu entwickeln oder flexibel anpaßbare Bestrahlungsanlagen vorzusehen. Große Vorteile hätten mobile Bestrahlungsanlagen, weil dann die Verlängerung des Transportweges vermieden würde.

Bei Kartoffeln kommt das Problem hinzu, daß der Dosisbereich zwischen Keimhemmung und Beschleunigung der Fäulnis nur etwa 100% beträgt, so daß die Dosis exakt und einheitlich bemessen werden muß.

Belgien importiert gekochte und danach gefrostete Krabben aus Südostasien für den Binnenhandel und auch für den Reexport. Da beim Kochen 10 bis 15% Verluste auftreten, wurde versucht, das Kochen durch Bestrahlung im gefrorenen und aufgetauten Zustande mit bis zu 500 krd zu ersetzen. Im günstigsten Fall (aufgetaute Krabben) konnte die Haltbarkeit von 7 auf 21 Tage verlängert werden.

Die Niederlande führten umfangreiche und interessante Untersuchungen über die Bestrahlung von Obst und Gemüse durch. Für die Keimhemmung bei Zwiebeln wurde folgende Beziehung gefunden:

$$y = 0{,}44x^2 + 0{,}36x + 3{,}41 ,$$

worin y = % gekeimte Zwiebeln,

x = Zeit nach Bestrahlung in Wochen bedeuten.

Hier muß unmittelbar nach der Ernte bestrahlt werden.

Gute Ergebnisse wurden bei Obst und Gemüse erzielt, wenn der Bestrahlung eine Erwärmung auf 40 bis 45 °C vorangeht (Eintauchen in Wasser bzw. [bei Erdbeeren] Warmluftstrom). Es tritt (außer bei Erdbeeren) Synergese ein, wenn die Bestrahlung spätestens 4 bis 5 Stunden nach der Wärmebehandlung erfolgt. Mit 1 kGy und 45 °C gelingt so eine Inaktivierung von Penicillium expensum.

Bei Erdbeeren wurden (auch ohne vorherige Erwärmung) Lagerzeiten von 1 bis 5 Tagen (je nach Sorte) erzielt.

Die Arbeitsgruppe „Abfallbestrahlung" der ESNA ist im Ergebnis ihrer bisherigen Tätigkeit zu dem Schluß gekommen, daß die technische und ökonomische Wirksamkeit der Desaktivierung pathogener Mikroorganismen durch Gamma-Bestrahlung sowohl im Fall kommunaler als auch im Fall landwirtschaftlicher Abfälle als erwiesen gelten kann. Bei etwa gleichen Kosten gelingt bei Gamma-Bestrahlung eine vollständigere und zuverlässigere Desaktivierung als bei Anwendung thermischer oder chemischer Verfahren.

Für die Desaktivierung von Viren in Schweinegülle ist eine Dosis von 30 kGy erforderlich.

Untersuchungen in München über die Bekämpfung von Salmonellen in pasteurisiertem und nicht pasteurisiertem Schlamm aus kommunalen Abwässern haben gezeigt, daß eine Dosis von 300 krd bei pasteurisiertem (und nur bei pasteurisiertem) Schlamm ausreicht, um die Salmonellen zu töten. Durchblasen von Sauerstoff verstärkt den Effekt um den Faktor 2 (wahrscheinlich durch Bildung von Peroxiden).

Die BRD, die ČSSR, die Schweiz, Belgien und die SFR Jugoslawien sind auf dem Gebiet der Abfallbestrahlung besonders aktiv.

Bei der Stimulierung biologischer Prozesse durch niedrige Strahlendosen werden folgende Richtungen vorrangig verfolgt:

- Beschleunigung der Keimung
- andere Formen der Verkürzung der Vegetationszeit
- Erhöhung der Resistenz gegen Krankheiten
- Vergrößerung des Fruchtansatzes
- Erhöhung der Grünmasse-Produktion.

In den letzten Jahren werden in zunehmendem Maß auch Tiere in die Untersuchungen einbezogen. So gelingt durch Bestrahlung von Fischlaich eine Ertragserhöhung.

Ein Teil der einander widersprechenden Ergebnisse in verschiedenen Laboratorien bzw. Versuchsstationen beruht wohl auf Schwierigkeiten bei der Übertragung von Ergebnissen aus Untersuchungen im Labormaßstab auf den Pilotmaßstab.

Im Bereich niedriger Dosen (einige Hundert rd) stimuliert die Gamma-Bestrahlung von Fichtensamen die Chlorophyllsynthese, die Geschwindigkeit der O_2-Aufnahme im Dunkeln, die Geschwindigkeit der O_2-Abgabe bei Belichtung und die Geschwindigkeit der Phosphorylierung. Bei 5000 rd wird die Chlorophyll-Synthese blokkiert. Untersuchungen der VR Ungarn über den Einfluß der Gamma-Bestrahlung von Bohnensamen bei verschiedenen N:P:K:Ca:Mg-Verhältnissen zeigten ein Maximum des Wurzelvolumens bis 10 Gy (Verdoppelung des Volumens) und ein Maximum der Wurzelaktivität bei 7,5 Gy.

Radioaktive Tracer haben einen festen Platz beim Studium des tierischen Stoffwechsels. Daneben spielt aber auch das stabile Isotop ^{15}N eine beachtliche Rolle. Folgende Probleme standen im Vordergrund:

- Ca-Kinetik
- Vitamin D-Stoffwechsel und seine Beziehungen zum Ca-Stoffwechsel
- Fe-, Cu-Stoffwechsel
- N-Stoffwechsel
- Eiweißstoffwechsel (^{15}N, ^{34}S)
- Parasitologie
- Radioimmunoassays.

Folgende Entwicklungstendenzen der Anwendung der Strahlenanalyse traten hervor:

- Anwendung stabiler Isotope für die Indikatoraktivierungsanalyse
- Kombination nuklearer Methoden mit „klassischen" Methoden
- Suche nach nuklearen und anderen Methoden zur „zerstörungsfreien" Untersuchung der Wurzelentwicklung (Neutronographie!).

Darüber hinaus wurden folgende Probleme behandelt:

- Kalibrierung der Bodenfeuchtemessung mittels Neutronen
- Tritium-Austausch zwischen Luftfeuchte und Bodenfeuchte
- Spurenelementbestimmung in Trockenmasse durch „nasse" Aktivierungsanalyse
- Bestimmung von Ca, P und F in Knochen durch instrumentelle Aktivierungsanalyse.

Die Tagung machte deutlich, daß sich die ESNA mit zunehmendem Erfolg bemüht, durch das Wirken ihrer Mitglieder in ihren Heimatländern die Anwendung nuklearer Methoden in diesen Ländern zu fördern, die Zusammenarbeit dieser Länder zu unterstützen und zugleich einen Beitrag zur Unterstützung der Entwicklungsländer auf diesem Gebiet zu leisten.

In Diskussionen mit Wissenschaftlern aus kapitalistischen Ländern kam zum Ausdruck, daß die Bewegung der Kernkraftgegner in diesen Ländern auch das Tempo der Entwicklung anderer Zweige der friedlichen Nutzung der Kernenergie als das der Kernenergetik zu verringern beginnt. Diese Tendenz erstreckt sich offenbar bis zu solchen nuklearen Techniken wie die Tracertechnik und die Aktivierungsanalyse. In unseren sozialistischen Ländern hingegen können diese Fragen frei von Emotionen, allein von wissenschaftlichen und ökonomischen Positionen aus beurteilt und entschieden werden.

K. Wetzel

Eingegangen am 3. 12. 1979

Informationen

DDR. Der Leipziger Kommissions- und Großbuchhandel (LKG), 7010 Leipzig, Postfach 520, bietet in der Rubrik „Das importierte Buch" unter dem Titel „Russisch für Fachwissenschaftler – Allgemeinwissenschaftliche Wendungen" einen Leitfaden für wissenschaftliche Redewendungen (Deutsch – Russisch) an, dessen Hauptziel es ist, den Gebrauch von spezifischen Konstruktionen und Formen und vor allem von Standardkonstruktionen darzulegen. Das von *O. G. Motowilowa* und *W. I. Mitrochina* verfaßte, 1977 im Verlag „Russische Sprache", Moskau, erschienene Buch (Preis 10,50 M) ist nach 5 lexikalischen Themenkreisen gegliedert: Wissenschaftliche Untersuchung, Erörterung von Untersuchungsergebnissen, Dokumentierung von Untersuchungsergebnissen, Bibliographie, wissenschaftliche Einrichtungen. Diesem ersten Leitfaden zur allgemeinwissenschaftlichen Thematik sollen weitere Ausgaben zu den Themen Physik, Mathematik, Chemie und Biologie folgen.

Dieses nach neuartigen didaktischen Prinzipien aufgebaute Lehr- und Nachschlagewerk ist allen wissenschaftlich Tätigen, die über passive Grundkenntnisse in der russischen Sprache verfügen, wärmstens zu empfehlen.

DDR. In der Reihe „ZfI-Mitteilungen" des Zentralinstituts für Isotopen- und Strahlenforschung der AdW der DDR sind zuletzt erschienen:

Nr. 19: Über einige Aspekte der Effektivität der Kernforschung (*L. Jankowski*)

Nr. 20: Informations- und Rechentechnik (ausgewählte Vorträge der KdT-Fachtagung über die Anwendung der Rechentechnik in der Information und Dokumentation, Roitzsch, 24.–26. 10. 1978)

Nr. 23: 2. Fachtagung „Dokumenten- und Fakteninformation auf Rechenanlagen". Leipzig, 13. bis 14. 2. 1979 (ausgewählte Vorträge)

Nr. 24: Zu einigen theoretischen und praktischen Aspekten der Isotopen- und Strahlenforschung (Ergebnisse der 3. „Schule junger Wissenschaftler des Zentralinstituts für Isotopen- und Strahlenforschung der AdW", Naumburg, 14.–16. 3. 1979 – ausgewählte Vorträge).

DDR. Der Leipziger Kommissions- und Großbuchhandel (LKG) hat den Literaturkatalog 1979 für fremdsprachige Literatur aus Verlagen sozialistischer Länder auf den Sachgebieten Physik, Chemie, Astronomie und Mathematik herausgegeben. Der Katalog ist in zwei Teile gegliedert. Der erste Teil enthält Titel, die 1976 bis 1978 erschienen sind, der zweite verweist unter der Rubrik „Außerdem noch lieferbare Literatur" auf Publikationen zurückliegender Jahre.

Der Katalog ist in allen Buchhandlungen der DDR kostenlos erhältlich.

IAEA/Österreich. Die Verhandlungen über eine Konvention zum Schutz von Kernmaterial wurden am 26. Oktober 1979 bei der Internationalen Atomenergie-Agentur (IAEA) in Wien, Österreich, abgeschlossen. Die Ausarbeitung dieses ersten internationalen Abkommens zur Sicherung von Kernmaterial hat über zwei Jahre gedauert.

Achtundfünfzig Staaten sowie die Europäische Atomgemeinschaft beteiligten sich an der Ausarbeitung des Textes, der jetzt den Regierungen übermittelt wird. Die Konvention wird am 3. März 1980 gleichzeitig am Amtssitz der Internationalen Atomenergie-Agentur in Wien und im Hauptquartier der Vereinten Nationen in New York zur Unterzeichnung aufgelegt.

Die Konvention legt Maßnahmen zur Sicherung von Kernmaterial fest, das von einem Land in ein anderes befördert wird. Sie verpflichtet ferner die Vertragsparteien, Maßnahmen zur Bestrafung bestimmter schwerer Verbrechen vorzusehen, die Kernmaterial betreffen. Darüber hinaus sollen die Vertragsparteien gemeinsam Vorbeugungsmaßnahmen treffen und Informationen bezüglich strafbarer Handlungen wie Diebstahl, Sabotage und Erpressung austauschen, bei denen es um Kernmaterial geht.

Die Konvention wird als bedeutsamer Fortschritt der internationalen Zusammenarbeit bei der friedlichen Nutzung der Kernenergie gewertet.

IAEA/Japan. Wissenschaftler aus Bangladesh, Indien, Indonesien, Südkorea, Malaysia, Pakistan, den Philippinen, Sri Lanka und Thailand nahmen an einer Fachtagung über ein Regionalprojekt zur Strahlenkonservierung asiatischer Sorten von Trockenfisch und einer Koordinierungstagung für Forschungen zur Strahlenkonservierung von Fischteil, die die Internationale Atomenergie-Agentur (IAEA) und die japanische Regierung vom 15. 10. bis 9. 11. 1979 an mehreren japanischen Forschungszentren veranstalteten. Im Verlauf dieser Arbeiten sollen großangelegte Forschungen über Methoden zur Strahlenbehandlung von Trockenfisch durchgeführt werden.

In vielen Entwicklungsländern Asiens stellen Fisch und Fischereiprodukte einen beträchtlichen Teil (10–20%) des von der Bevölkerung genossenen Eiweißes dar bzw. den größten Teil (50–70%) des konsumierten tierischen Eiweißes. In den meisten dieser Länder wird der gefangene Fisch größtenteils zu Trocken- oder Pökelfisch verarbeitet. Große Mengen dieser Produkte gehen während der Lagerung oder auf dem Weg zum Verbraucher durch Insektenbefall verloren, oder sie werden wegen des durch Mikroorganismen verursachten Verderbs für den menschlichen Genuß ungeeignet.

Das Regionalprojekt für Strahlenkonservierung asiatischer Sorten von Trockenfisch hat die IAEA 1978 im Rahmen des Abkommens über regionale Zusammenarbeit in Südostasien in Angriff genommen, um hervorzuheben, wie wichtig die Konservierung von Fischereiprodukten ist, die nach der in Asien traditionellen Konservierungsmethode getrocknet oder gepökelt werden. Das Projekt ist dazu gedacht, die Verluste, die bei diesen Produkten durch Verderb eintreten, durch Bestrahlung herabzusetzen und damit die Versorgung der Region mit tierischem Eiweiß zu verbessern. Gleichzeitig sollen die Arbeiten über die Strahlenkonservierung solcher Produkte koordiniert auf einen Maßstab gebracht werden, der eine praktische Anwendung in der Region ermöglicht. Institute in den eingangs genannten Ländern führen im Rahmen dieses Regionalprojekts Forschungsarbeiten durch. Die japanische Regierung hat sich bereit erklärt, das Projekt zu unterstützen. Folgende japanische Institute waren an der Fachtagung beteiligt: Forschungsinstitut für Strahlenchemie, Takasaki; Staatliches Institut für Nahrungsmittelforschung; Regionales Institut für Fischereiforschung Tokai, Tokio; Staatliches Hygieneinstitut, Tokio; Staatliches Institut für Gesundheitswesen, Tokio.

IAEA. Im Bulletin 4/1979 der Internationalen Atomenergie-Agentur sind u. a. folgende Beiträge enthalten:

The Management of High-Level Radioactive Wastes (*Wm. L. Lennemann*);

Waste Management Practices in Selected European Countries (*V. A. Morozov*);

Disposal of Radionuclides in the Sea (*D. Van As, Wm. O. Forster*);

IAEA Safeguards – Where do We Stand Today? (*H. Grümm*);

The Importance of Radiation Risk Assessment (*E. E. Pochin*);

IMCO: Making the Seas Safer and Cleaner.

IAEA. Im Bulletin 4/1979 der International Atomic Energy Agency wird u. a. auf folgende neue Publikationen der IAEA hingewiesen:

Late Biological Effects of Ionizing Radiation (Proceedings Series – STI/PUB/489);

Laboratory Training Manual on the Use of Nuclear Techniques in Animal Research (Technical Reports Series No. 193 – STI/DOC/10/193);

Radiological Safety Aspects of the Operation of Electron Linear Accelerators (Technical Reports Series No. 188 – STI/DOC/10/188);

Treatment of Incorporated Transuranium Elements (Technical Reports Series No. 184 — STI/DOC/10/184);
Storage, Handling and Movement of Fuel and Related Components at Nuclear Power Plants (Technical Reports Series No. 189 — STI/DOC/10/189);
Natural Fission Reactors — Les Reacteurs de Fission Naturels (Panel Proceedings Series — STI/PUB/475).

UdSSR. Neue Publikationen des Verlags „Atomisdat“:
Plasmaphysik für Physiker (*L. A. Arzimowitsch, R. S. Sagdejew*);
Die geheimnisvolle Welt der Elementarteilchen (*E. I. Dubowoi*);
Die Prognosen D. I. Mendelejews in der Atomistik. Jenseits der Grenze des Systems der Elemente (*B. M. Kedrow*);
I. W. Kurtschatow (*I. N. Golowin*);
Das Atom für den Frieden in den Ländern des Sozialismus.
Die Zusammenarbeit der RGW-Mitgliedsländer (Album);
Die Uranindustrie in den kapitalistischen Ländern (gegenwärtiger Entwicklungsstand (*N. I. Tschesnokow* u. a.);
Strahlenchemie Technologie — ihre Aufgaben und Methoden (*A. Ch. Breger*);
Kontrolle des Gehalts radioaktiver Stoffe im menschlichen Organismus (*M. M. Goluwina, N. M. Sadikowa*);
Die Emanation radioaktiver Erze und Mineralien (*W. L. Schaschkin, M. I. Prutkina*);
Exogene Uranlagerstätten. Entstehungsbedingungen und Untersuchungsmethoden (*W. I. Dantschew, N. P. Streljanow*);
Ausbreitung von Strahlungen in Luft (*W. A. Klimanow* u. a.);
Radioisotopen-Röntgenfluoreszenzdickenmesser für Beschichtungen — Erfahrungen bei der Entwicklung und Anwendung (*S. A. Bunsh* u. a.);
Automatische Anlagen in der Strahlendefektoskopie (*W. I. Gorbunow, B. N. Jepifanzew*).

UdSSR. Heft 10/1979 der Zeitschrift „Atomnaja Energija“ enthält u. a. folgende Arbeiten:
Beschleuniger für Industrie und Medizin — gegenwärtiger Stand und Perspektiven (*W. A. Gluchich*);
Spaltprodukte als Gammastrahlenquellen (*J. S. Starisni* u. a.);
Kurzmitteilungen:
Die Wirkung von Gammastrahlung auf die Detektoreigenschaften von Lawsan-Folie (*S. P. Tretjakowa, T. I. Mamonowa*);
Möglichkeiten der Anwendung von Californium-Neutronenquellen zur Bestimmung der Elementsalz-Grundzusammensetzung im Meerwasser unter natürlichen Bedingungen (*J. M. Filippow*);
Gaschromatographische Untersuchung der Ansammlung von ^{3}H, ^{85}Kr und ^{133}Xe im Schutzgas, Natriumwärmeträger und in den Konstruktionsmaterialien des BR-10 (*L. I. Mosejew* u. a.);
Messung des Neutronen-Gesamtwirkungsquerschnitts von Neodym-145 (*W. A. Anufriew* u. a.);
Ein radiochemischer Detektor für schnelle Neutronen geringer Intensität (*I. R. Barabanow* u. a.).

Großbritannien. Neue Reports der UKAEA:

AERE-R 9374 Code of Practice and Design Principles for Installed Radiological Protection Systems.
AEEW-M 1663 Absolute calibration of the ^{103}Rh(n,n')-^{103m}Rh-reaction rate.
AERE-R 9266 A Harwell 6000 series microprocessing system.
AERE-R 9441 Radioactive fallout in air and rain. Report to end of 1978.
SRD-R-149 World-wide data on the incidence of multiplefatality accidents.
AERE-R 9024 Chemical studies of the upper atmosphere using Concorde aircraft. Part I. Design, construction and testing of air sampling equipment.
AERE-R 9298 Transmutation and activation of fusion reactor wall and structural materials.
ND-R-259(R) The safe transport of radioactive materials.

Großbritannien. Das AERE Harwell hat der Fa. Hawker Siddeley Dynamics Engineering Ltd., Hatfield, die Konzession zur Herstellung von Anlagen für die Ionenimplantation von Maschinenwerkzeugen und anderen Komponenten erteilt. Diese Firma ist durch die Produktion von Elektronenschweißgeräten bekannt geworden.

Durch die kontrollierte Implantation beschleunigter Ionen in die Oberfläche von Werkzeugen und Maschinenteilen wird deren Verschleißfestigkeit verbessert. Das in Harwell mit Unterstützung des Engineering Materials Requirements Board des Industrieministeriums entwickelte Verfahren wurde bereits erfolgreich zur Verlängerung der Lebensdauer von Wolframkarbid-Drahtziehmatrizen Spritzgußformen, Preßwerkzeugen und Schneidvorrichtungen eingesetzt. Es wird erwartet, daß diese Methode zur Behandlung einer Vielzahl von Stählen, Karbid- und Stellitmaterialien anwendbar ist. Erfolgt die Implantation von Gas- oder Metallionen nur wenig über Raumtemperatur, so besteht keine Gefahr einer Deformierung der behandelten Komponenten.

Großbritannien. Neue Reports der UKAEA:

AEEW-R 1251 Current status of evaluated heavy element decay data for reactor calculations. Problems and anomalies.
AERE-R 9199 (Suppl.) Some recent literature describing liquid metal embrittlement.
AERE-R 9360 Using the AM 9511 arithmetic processing unit with the motorola M 6800 microprocessor.
AERE-R 9416 A design study for a fission product fixation plant and storage at Windscale.
AERE-R 9452 Resuspension of particulate matter from grass and soil.
AERE-R 9473 Solar power satellites: a study of the relative merits of different power conversion options.
AERE-Bib 199 List of unclassified documents by staff of metallurgy division, AERE, Harwell from August 1977 to December 1978.
AERE-R 8301 A measurement system for use in the selection of plutonium contaminated waste for disposal.
AERE-R 9079 A reanalysis of neutron diffraction data from UO_2.
AERE-R 9213 An investigation into pollution from a disused gasworks site near Ladybank.
AERE-R 9359 An investigation of ion beam irradiation techniques for the simulation of 14 MeV neutron irradiation of ceramics at high temperatures.

AERE-R 9390	A search for the $^{238}U(\gamma, \alpha)^{234}Th$ and $^{238}U(n, \alpha n)^{234}Th$ reactions and measurements of the $^{60}Ni(n, p)^{60}Co$ and $^{62}Ni(n, \alpha)$-^{59}Fe cross-sections at 14,7 MeV neutron energy from associated monitor foils.
AERE-R 9426	Formation of the polycyclic aromatic hydrocarbon benzo(A)pyrene during straw burning.
CLM-R 188	Elastomer seal for a large toroidal vacuum chamber.
CLM-R 181	A Monte-Carlo computer program for analysis of backscattering and sputtering in practical vacuum systems.
CLM-R 191	Transport calculations for a high density ohmically heated D-T tokamak.
CLM-R 192	Holographic interferometry of isolated deuterium plasmas produced by a CO_2-laser.
ND-R-285(R)	A glossary of terms for fast reactors.

Japan. Anfang September 1979 wurde die Versuchsanlage zur Urananreicherung nach dem Gaszentrifugenverfahren der staatlichen japanischen Power Reactor and Nuclear Fuel Development Corp. (PNC) bei Ningyo Toge eingeweiht. Die Pilotanlage besitzt zur Zeit 1000 Zentrifugen; für den Endausbau bis 1981 sind 7000 Zentrifugen mit einer Gesamtjahreskapazität von 50000 kg TAE vorgesehen. Die Anlage wurde ohne Inanspruchnahme einer ausländischen Lizenz errichtet.

Neben dem Gaszentrifugenverfahren betreibt Japan ein eigenes Projekt zur Urananreicherung mittels Ionenaustausch. Nach Angaben des Ministry of International Trade and Industry (MITI) könnte Japan auf der Grundlage dieses chemischen Verfahrens eine wirtschaftlich arbeitende Anlage mit einer Kapazität von jährlich 500 t TAE bauen. Es wurde darauf hingewiesen, daß das Ionenaustausch-Verfahren auf Grund der niedrigen Anreicherungsgrade nicht geeignet ist, Kernwaffenmaterial herzustellen.

Weiterhin wurde bekannt, daß die japanische Regierung mit einem Aufwand von 6,8 Mill. $ auf der Insel Shokoku eine Versuchsanlage zur Gewinnung von Uran aus Meerwasser durch Adsorption an Titanoxid mit einer Erzeugungskapazität von jährlich 10 kg Uran errichten will.

An zwei weiteren Verfahren zur Gewinnung von Uran aus Meerwasser durch Adsorption wird an der Universität Kyoto und bei Hitachi Ltd. gearbeitet.

USA. Der National Council on Radiation Protection and Measurements (NCFP) hat zwei neue Publikationen herausgegeben:

NCRP Report No. 62: Tritium in the Environment
NCRP Report No. 63: Tritium and Other Radionuclide Labelled Organic Compounds Incorporated in Genetic Material.

Schweiz. Einer Mitteilung im SVA-Bulletin 19/1979 zufolge will sich die schweizerische Nationale Gesellschaft für die Lagerung radioaktiver Abfälle (Nagra) an dem 1980 anlaufenden internationalen Forschungsprogramm im Felsenlabor des aufgelassenen schwedischen Eisenbergwerks Stripa zur Untersuchung der Eigenschaften von Füllmaterialien für die Einbettung von Behältern mit hochaktiven Abfällen in Felsbohrlöcher beteiligen. An dem Projekt nehmen vorerst Schweden, die USA, Kanada und die Schweiz teil.

Als eines der Füllmaterialien zur sicheren Isolierung von Abfallbehältern kommt z. B. Bentonit in Frage, dessen Eignung auch zur Versiegelung von Bohrlöchern, Stollen und Tunneln praktisch erprobt werden soll.

Als das Stripa-Bergwerk 1976 die Eisenerzgewinnung einstellte, wurde in einem an die Erzlagerstätte angrenzenden massiven Granitvorkommen ein großes Felslabor errichtet, in dem im Rahmen eines gemeinsamen Forschungsprogramms des Lawrence Berkeley Laboratory (USA) und des schwedischen Projekts „Kernbrennstoffsicherheit" verschiedene Experimente durchgeführt werden. Es sollen möglichst genaue Daten über die Eigenschaften von Granit hinsichtlich seiner Nutzbarkeit als Wirtsgestein für radioaktive Rückstände gewonnen werden.

Buchbesprechungen

Statistische Methoden

L. Sachs, 4. neubearb. Aufl., Berlin-Heidelberg-New York: Springer-Verlag 1979, 105 S., 5 Abb., 25 Tab., 1 Klapptafel; brosch. DM 10,80; US $ 6,—

Das Büchlein stellt eine Kurzfassung ausgewählter Abschnitte der „Angewandten Statistik" desselben Autors dar. Es enthält keine Ableitungen, sondern verdeutlicht statistische Zusammenhänge vielfach an Beispielen. Der knappe Text gliedert sich in die Kapitel Grundlagen und Ziele statistischer Methoden, Mittelwerte und Variabilität, Häufigkeitsverteilung und Summenhäufigkeitsverteilung, Normalverteilung, Vertrauensbereiche, Statistische Tests, Wie viele Beobachtungen werden benötigt? sowie Korrelation und Regression. In einem Anhang werden Schnellverfahren für den Vergleich mehrerer Mittelwerte geboten. Bereits aus diesen Überschriften geht hervor, daß Nichtmathematiker angesprochen werden sollen, denen das Taschenbuch eine schnelle Anleitung zum Handeln beim Umgang mit statistisch verteilten Größen jeder Art bieten will. Diese Zielstellung wird voll erreicht dank der präzisen Formulierungen, der guten und differenzierten Stoffgliederung und der auch graphisch sehr übersichtlichen Textgestaltung.

Für Wissenschaftler und Techniker jeglicher Fachrichtung ist das Bändchen von großem Nutzen, und sei es nur als Formelsammlung, denn auf welchem Gebiet wird man nicht mit statistischen Daten konfrontiert, und neigt man als Nichtfachmann für Statistik nicht immer wieder zur Über- oder auch Unterschätzung ihres Informationsinhaltes?

G. Brunner

R. Dreyer, I. Dreyer, A. Kolaczkovsky, S. Riedel

Radiometric Determination of Ion Mobility

Isotopenpraxis **16** (1980) No. 4, p. 117 to 119
2 Fig., 2 Tab., 12 Ref.

The use of radionuclides renders possible both direct measurement of the rate of migration of ions in an electric field and the determination of their mobility. The radiometric method provides investigation in aqueous and non-aqueous electrolytes. The influence of the electrolyte in the rate of migration is shown using the silver cation Ag^+ as a model. A microsynthesis of perbromate labelled ^{82}Br is described, and the ion mobility of BrO_4^- is indicated as compared with the mobility of BrO_3^- and of Br^- in various electrolytes. A phenomenological consideration of hydration coefficients of halogen ions indicates a correlation between ion masses and ion mobility.

W. Leonhardt, U. Julius, R. Koch, J. Schulze

Investigation of the Triglyceride Metabolism in Patients Using Tritium Labelled Glycerol

Isotopenpraxis **16** (1980) No. 4, p. 120 to 123
5 Fig., 1 Tab., 10 Ref.

Triglycerides as constituents of the lipoproteins are secreted by the liver into the blood and eliminated from the blood by adipose and muscle tissue. The kinetics of this metabolic pathway were studied after injection of tritium labelled glycerol that is incorporated into triglycerides by the liver. The serum triglyceride radioactivity-time curve was analysed with a computer As a result of 99 investigations, a decrease of the fraction turnover rate and an increase of the turnover rate with the triglyceride level was observed. The test enables to decide whether an elevated triglyceride concentration is caused by overproduction or by disturbed elimination

M. L. Boettger, D. Birnstein, W. Helbig

Activation Analysis of Carbon in Silicon by ^3He Ions in Comparison with Deuterons

Isotopenpraxis **16** (1980) No. 4, p. 124 to 126
3 Fig., 3 Tab., 16 Ref.

The activation analysis of C in Si according to $^{12}C\,(^3He, \alpha)^{11}C$ offers some advantages but also drawbacks compared with deuteron activation. The sensivity with ^3He-ions is lower, but interference reactions are remarkable only at higher energies and the activity ratio $^{11}C/^{13}N$ is increasing with growing waiting time. The longer half-life of ^{11}C facilitates the chemical handling, moreover the measurement is possible at normal temperature. Otherwiese the irradiation and measuring times required are longer. The main disadvantages are the poor availability of the cyclotron for ^3He ions and the difficulty to obtain the optimal particle current of 0,3 ...0,6 μAcm $^{-2}$. The defection limit amounts $1 \cdot 10^{14}$ at · cm $^{-3}$ with ^3He, $3 \cdot 10^{14}$ at cm $^{-3}$ with deuterons.

W. Goerner, P. Nikolov

Some Experiences in Constructing the Photoefficiency Function of Ge-Gammadetectors for Radioanalytical Purposes (*in English*)

Isotopenpraxis **16** (1980) No. 4, p. 127 to 132
8 Fig., 2 Tab., 10 Ref.

The photoefficiency of Ge(Li)-detectors as function of γ-energy and sample-detector-distance is well described by a semi-empirical function with no more than two free parameters. Its two branches are connected at 180 keV. The low-energy behaviour can be reflected in terms of only the photoeffect, whereas for $E\gamma > 180$ keV the known exponential 1st-order-approximation $E\gamma^{-8}$ proved suitable. The given representation of the geometry factor is also consistent for "thick" detectors. The application of the proposed function provides a rapid and complete efficiency calibration of new detectors after few orienting measurements.

Р. Дрейер, И. Дрейер, А. Колачковский, С. Ридель

Радиометрическое определение подвижности ионов

Isotopenpraxis **16** (1980) вып. 4, стр. 117 до 119
2 рис., 2 табл., 12 лит.

Использование радионуклидов позволяет выполнить как непосредственное измерение скорости миграции ионов в электрическом поле, так и определение подвижности ионов. Радиометрический метод обеспечивает возможность проведения исследований как в водных, так и в неводных электролитах. На модели катиона серебра Ag^+ показывается влияние электролита на скорости миграции. Описывается микросинтез пербромата, меченого ^{82}Br, и приводится подвижность ионов BrO_4^- в различных электролитах в сопоставлении с ионами BrO_3^- и Br^-.
Феноменологическое рассмотрение коэффициентов гидратации галогенных ионов указывает на связь между массой ионов и их подвижностью.

В. Леонхардт, У. Юлиус, Р. Кох, И. Шульце

Исследования по триглицеридному метаболизму пациентов с помощью меченого тритием глицерола

Isotopenpraxis **16** (1980) вып. 4, стр. 120 до 123
5 рис., 1 табл., 10 лит.

Триглицериды в виде составных частей липопротеинов печенью отдаются в кровь, а жировой тканью и мускулатурой удаляются из крови. Кинетика данного метаболизма наблюдается с помощью меченого тритием введенного глицерола, который в печени встраивается в триглицериды. С помощью ЭВА определилась кривая, характеризующая радиоактивность триглицеридов сыворотки в зависимости от времени. В результате 99 экспериментов найдены уменьшение фракционной скорости превращения и увеличение скорости превращения с возрастающей концентрацией триглицеридов. Исследования позволяют делать вывод о том, вызвана ли повышенная концентрация триглицеридов сыворотки перепроизводством или же нарушением процесса удаления.

М. Л. Бёттгер, Д. Бирнштайн, В. Хельбиг

Активационный анализ углерода в кремнии ионами ^3He по сравнении с дейтронами

Isotopenpraxis **16** (1980) вып. 4, стр. 124 до 126
3 рис., 3 табл., 16 лит.

Активационный анализ углерода в кремнии ионами ^3He по реакции $^{12}C(^3He, \alpha)^{11}C$ обладает некоторым преимуществом по сравнению с активацией дейтронами, но имеет также недостатки. При равной энергии частиц достигаемая чувствительность меньше в случае ^3He, однако мешающие реакции заметны только при более вызоких энергиях и соотношение активностей ^{11}C и ^{13}N с возрастающим временем после облучения становится все благоприятнее. Больший период полураспада ^{11}C более удобен для осуществления радиохимического выделения, причем измерение можно проводить при комнатной температуре. С другой стороны, нужные времена облучения и измерения являются более продолжительными. Основными недостатками способа можно считать ограниченное время возможности использования циклотрона в качестве ускорителя ^3He и трудности достижения потока частиц в оптимальном диапазоне 0,3 – 0,6 *мкА см*$^{-2}$. Предельная чувствительность лежит при $1 \cdot 10^{14}$ *ат/см*$^{-3}$ в случае ионов ^3He и при $3 \cdot 10^{14}$ *ат/см*$^{-3}$ в случае дейтронов.

В. Гернер, П. Николов

Некоторый опыт в отношении постройки отражающей фотоэлектрический коэффициент полезного действия применяемых для радиоаналитических целей германиевых гамма-детекторов функции (*на англ. языке*)

Isotopenpraxis **16** (1980) вып. 4, стр. 127 до 132
8 рис., 2 табл., 10 лит.

Фотоэлектрический коэффициент полезного действия Ge(Li) детекторов как функция гамма-энергии и расстояния образец-детектор хорошо описывается полуэмпирической функцией с максимально двумя свободными параметрами. Оба выхода соединяются на 180 *кэв*. Поведение при низких энергиях можно просто характеризовать с помощью фотоэффекта в то время, когда при $E\gamma > 180$ *кэв* известное экспоненциальное приближение первого порядка в виде $E\gamma^{-8}$ оказалось пригодным. Данное изображение геометрического фактора подходит также к „толстым" детекторам. Применение предлагаемой функции позволяет осуществить быструю и полную калибровку коэффицента полезного действия новых детекторов, осуществив только лишь небольшое количество ориентировочных измерений.

S Niese

The Background in β,γ-Coincidence Spectroscopy

Isotopenpraxis **16** (1980) No. 4, p. 133 to 135
2 Fig., 1 Tab., 1 Ref.

The background spectra of two devises for β,γ-coincidence spectroscopy are investigated. For the reduction of the component from the vicinity the mass quotient of the detectors are important. With the help of the coincidence this component was reduced by four orders of magnitude. The reduction of the cosmic ray component depends on the areas of the detectors and their geometric arrangement. The cosmic ray component was reduced by one to two orders of magnitude only.

Letters to the Editor

I. Schaefer

Determination of Beta-Emitting Radionuclides in Secretion Analysis

Isotopenpraxis **16** (1980) No. 4, p. 135 to 137
3 Fig., 1 Tab., 6 Ref.

H. Kaschenz, R. Berndt, W. Koerner, W. Noack

Experimental Determination of Linear Attenuation Factor of Rock Salt

Isotopenpraxis **16** (1980) No. 4, p. 137 to 139
3 Fig., 1 Tab., 18 Ref.

Meetings

Isotopenpraxis **16** (1980) No. 4, p. 139 to 141

Information

Isotopenpraxis **16** (1980) No. 4, p. 141 to 144

New Books

Isotopenpraxis **16** (1980) No. 4, p. 144

С. Нийзе

Фон спектрометрии β,γ-совпадений

Isotopenpraxis **16** (1980) вып. 4, стр. 133 до 135
2 рис., 1 табл., 1 лит.

Рассматривались фоновые спектры двух измерительных аппаратур для спектрометрии β, γ-совпадений. Существенным для подавления окружающей компоненты является соотношение масс детекторов. С помощью совпадений по обеим аппаратурам удалось сократить долю фона окружающей среды на четыре порядка. Решающим фактором для подавления компоненты космического излучения является соотношение площадей детекторов, а также их геометрическое размещение. Данная компонента была сокращена только лишь на два порядка.

Письма в редакцию

И. Шеффер

Определение испускающих бета-излучение радионуклидов в области анализа секреций

Isotopenpraxis **16** (1980) вып. 4, стр. 135 до 137
3 рис., 1 табл., 6 лит.

Х. Кашенц, Р. Берндт, В. Кернер, В. Ноак

Экспериментальное определение линейных коэффициентов ослабления каменной соли

Isotopenpraxis **16** (1980) вып. 4, стр. 137 до 139
3 рис., 1 табл., 18 лит.

Совещания

Isotopenpraxis **16** (1980) вып. 4, стр. 139 до 141

Новости

Isotopenpraxis **16** (1980) вып. 4, стр. 141 до 144

Новая литература

Isotopenpraxis **16** (1980) вып. 4, стр. 144

(Fortsetzung des Inhaltsverzeichnisses)

Der photoelektrische Wirkungsgrad von Ge(Li)-Detektoren als Funktion der Gamma-Energie und der Entfernung Probe – Detektor wird sehr gut durch eine halbempirische Funktion mit maximal zwei freien Parametern beschrieben. Die beiden Anschlüsse werden mit 180 keV verbunden. Das Verhalten bei niedrigen Energien kann einfach durch den Photoeffekt wiedergegeben werden, während sich für $E\gamma > 180$ keV die bekannte Exponential-Näherung erster Ordnung $E\gamma^{-s}$ als geeignet erwies. Die jeweilige Darstellung des Geometriefaktors trifft auch für „dicke" Detektoren zu. Die Anwendung der vorgeschlagenen Funktion ermöglicht eine schnelle und vollständige Wirkungsgrad-Kalibrierung neuer Detektoren nach wenigen orientierenden Messungen.

S. Niese

Der Nulleffekt bei der β, γ-Koinzidenzspektrometrie

Isotopenpraxis **16** (1980) H. 4, S. 133 bis 135
2 Abb., 1 Tab., 1 Lit.

Die Untergrundspektren zweier Meßanordnungen für die β,γ-Koinzidenzspektrometrie wurden untersucht. Für die Unterdrückung der aus der Umgebung stammenden Komponente ist das Massenverhältnis der Detektoren von Bedeutung. Bei beiden Anordnungen wurde mit Hilfe der Koinzidenz der Umgebungsanteil um vier Größenordnungen reduziert. Für die Unterdrückung der Höhenstrahlungskomponente ist das Flächenverhältnis der Detektoren und die geometrische Anordnung ausschlaggebend. Diese Komponente wurde nur um ein bis zwei Größenordnungen reduziert.

Kurze Originalmitteilungen

I. Schäfer

Die Bestimmung β-strahlender Radionuklide in der Ausscheidungsanalytik

Isotopenpraxis **16** (1980) H. 4, S. 135 bis 137
3 Abb., 1 Tab., 6 Lit.

H. Kaschenz, R. Berndt, W. Körner, W. Noack

Experimentelle Bestimmung der linearen Schwächungskoeffizienten von Steinsalz

Isotopenpraxis **16** (1980) H. 4, S. 137 bis 139
3 Abb., 1 Tab., 18 Lit.

Tagungsberichte

Isotopenpraxis **16** (1980) H. 4, S. 139 bis 141

Informationen

Isotopenpraxis **16** (1980) H. 4, S. 141 bis 144

Buchbesprechungen

Isotopenpraxis **16** (1980) H. 4, S. 144

Contents of this Issue

Articles

Letters to the Editor

FSC
www.fsc.org
MIX
Papier | Fördert
gute Waldnutzung
FSC® C083411

Zeitfracht Medien GmbH
Ferdinand-Jühlke-Straße 7
99095 Erfurt, Deutschland
produktsicherheit@kolibri360.de